弗洛兒 AMY—潮
新娘秘書教戰圖解

弗洛兒 AMY—潮
百款新娘造型大彙整

序 寫給新娘與新娘秘書

女為悅己者容，在人生重要的日子，身為主角的您，集所有目光的焦點，新娘美麗的妝容是必要的，而新娘秘書正是這個角色是幕後最重要的美麗推手。Amy 老師分享從業十餘年來的婚紗經驗給每位準新娘秘書們，書中紀錄的是弗洛兒 AMY 團隊的作品與歷程，希望鼓勵自己與他人繼續在造型界深耕茁壯。

造型與彩妝是我們熱愛的工作，不斷的學習進步是我們的目標，客戶與學員的需求是我們學習進步的動力。

每一次在課堂上教學或看到許多新娘雜誌的時候，都讓我延伸出許多的想法。也想藉著這本【弗洛兒 AMY- 潮　百款新娘大彙整】來分析每個新娘適合的髮型。除了讓每位新娘能夠深入地了解適合自己的髮型外，也能充分的了解婚禮的一些禮俗禁忌。不再像熱鍋上的螞蟻一般，不知該如何著手營造屬於自己的夢幻婚禮。

婚禮是每位女人中最重要與祈盼的時刻。現在的新娘們喜歡創造自己專屬的風格，勇於表現自我，跳脫以往傳統的概念。而不再是直接到婚紗公司化個單妝直到宴客結束。現在的新娘多半喜歡在婚禮當天變換出不同的造型，也讓自己的妝容保持到最好，彷彿如明星般的耀眼。

本團隊集結了多位優秀的新娘秘書老師，歷經多年的作品一次完全的呈現給各位新人們作為婚禮中的造型參考書，值得您收藏與細心品味！

團隊造型師作品網址：rhea-amy.com.tw

戰前篇

撰稿：林少蓉

完美新娘大作戰

結婚是人生大事，每個女生最美的夢想就是當新娘，怎樣才能擁有一個完美的婚禮？結婚時要注意的事情太多，而結婚往往是大多數人的第一次，如何完美婚禮，事前一點都輕忽不得的！這時候能擁有一位超級好的新娘秘書，相信結婚典禮上的種種瑣事，就不必自己太擔心了！

而想當一個超級完美新娘秘書，必須具備婚禮的十八般武藝，才能在讓新人的婚禮圓滿順利，本書就完美新娘來說，無論從新娘的身材、臉型、髮型、造型、自我檢測到訂婚，結婚婚禮的俗習……，不但讓妳從頭到腳挑選出最完美、零缺點的髮型與婚紗，也讓你的婚禮各方面都圓滿美好。

第 1 篇

婚紗外拍取景與構圖

1-1 巴莎魔法莊園風格

巴莎魔法莊園

一個專屬於新人拍攝婚紗的秘密基地。

地址：苗栗縣通霄鎮福興里 13 鄰 148 之 12 號

電話：0937-235-911 卓先生

http://www.wcetc.cc/blog/jyjmbone

* 本園區為婚紗拍攝外景基地，不開放一般遊客入場。

禮服提供：新娘百分百精品婚紗

攝：PB 攝影工作室　新竹市仁北街 5-2 號 2 樓

百分百精品婚紗地址：台中市大里區大明路 391 號

造型師團隊：林少蓉、吳美慧、李佳玲、林曉從、胡欣怡、林潔怡

波光瀲灩，映照出我的美麗；藍天碧窗，閃耀著我的幸福。
在天光水色間，恣意徜徉，旖旎無限，美好無盡頭。

我是花海中的仙子，在紫色的花浪中，散發喜悅的光芒。
風輕盈了我的白色衣裳，讓薰衣草田更增加了芬芳。

回眸一笑，回應你一生的許諾；綠意盎然的生機，象徵著我們前路的燦爛。
於是，我的一襲白紗，就這樣柔美地鋪展開來。

1-2 英式復古鐘樓風格

背景傳來的鐘聲，預約了我浪漫的明天；
窗明几淨，晴空如洗，不是我走向幸福，是幸福已經預約了我。

笑語盈盈，滿溢這羅曼蒂克的古典場域；人比花嬌，所有回憶諦造出我更美麗的明天。

藍色是首優雅的樂章，藍色是種心靈的顏色。像海洋般多采多姿，像幅綺麗的詩畫，而我已漫步其間。

幸福的階梯，通往誓言築造的庭園。
天光映襯，整個世界潔淨如心般澄明。

1-3 貴氣華麗宮廷風格

一場華麗傳世的經典即將登場，而我是那世人歌詠，最美麗無雙的公主。金色嫁衣，迎向輝煌；愛的世紀，我將用幸福寫傳。

人們想像中童話故事最美的結局，很榮幸地即將由我來展演。
那等待在明日清晨的，是無與倫比的幸福美麗。嬌羞地，我不禁低下頭來。

一格格的天光，一日日的幸福，一點一滴的品味，一生一世的喜悅。

感謝你用真情，寫意了我的人生，於是，我用笑容定義了我的每個明天。
深情款款是我的眼眸，有你長駐，我心海深處。

用真愛成就我的美麗，碧妝粉黛，玉膚芬芳。玲瓏倩影漫舞，空氣中綻放著詩意。
邀你共飲一杯愛的醇釀，共同沉醉美好人生。

1-4 甜心自然清新風格

天空是那麼的藍，就好比我的幸福是那麼的廣闊無邊際；
許諾的美好那麼的近，於是我輕輕俯身，就敲響悅耳一生的鐘聲。

琴聲漫撥心絃；鐘聲召喚美善。柔情似水，佳期如夢，你已用真情鋪就我一生安穩牢靠的路，我將一步一腳印，美麗向前。

纖纖玉手，輕輕擺在心上。眼神閃耀出的晶瑩，映照著美好的前方。
知道人生的每個角落，都有你的守候，於是我展露笑顏，感動到不能自己。

吸吮來自天地間的祝福，整個世界是我的舞台。
幸福不遠，她一直就在我的身旁，陪我每分每秒的精采，歌詠我今生今世的燦爛。

新娘臉型與髮型彩妝必殺技法

撰稿人：林曉從 圖片提供：林少蓉

新娘彩妝臉型和髮型的自我檢測

髮型可以說是決定新娘整體造型是否成功的關鍵之一，一個成功的髮妝，不但可以凸顯優點掩蓋缺點，更可以塑造個人風格，使妳成為衆人注目的焦點。

圓型臉

圓形臉的髮際線低，整個臉部比較豐潤，略有Bady face的感覺，看起來較為稚氣。

髮型重點：

(1) 以頭頂蓬鬆的髮型為佳，有拉長臉型的效果。

(2) 瀏海可以6:4比例，側分或是中分來遮住臉頰，修飾臉型。

(3) 露出整個額頭，可以製造出拉長臉型的視覺效果。

NG 髮型：

(1) 妹妹頭式的橫向齊眉的瀏海，會使臉型看起來更短，更稚氣。

(2) 臉頰兩側的頭髮若是太蓬、太多或是太捲則臉看起來更圓。

長型臉

長型臉前額較高且下巴長，臉部呈現長且窄的形狀，給人的印象常是沉穩，成熟的感覺。

髮型重點：

(1) 以厚劉海的造型來遮蓋住額頭，縮短臉長，增加臉寬來達到小臉的視覺效果。

(2) 以蓬鬆線條的自然髮型為佳，將頭部兩側做成蓬鬆或梳成飽滿的形狀，也可以達到小臉的效果。

NG 髮型：

(1) 不適合頭頂過高或是在頭頂堆疊的造型，，這會使臉型看起來更長、更老氣。

(2) 頭部兩側的髮型也不宜綁得過緊，臉型看起來也有更長的視覺效果。

(3) 無瀏海的髮型也應避免。

橢圓型臉（鵝蛋臉） or 瓜子臉

此臉型較接近倒三角臉，額頭寬且下巴小巧，顴骨不明顯，此款臉型是東方女性心目中的完美臉型，較具有女性柔美婉約的特質。

髮型重點：

(1) 因額頭較寬，可運用較為花俏的髮髻來製造出蓬鬆感與高度。

(2) 此款臉型基本上適合大部份的髮型，只需要運用一點髮型上的小技巧來約略修飾一下臉型就可以了。

倒三角型臉

此臉型額頭寬且圓，兩頰較為豐潤，下巴較尖，在視覺上呈現倒三角型。

髮型重點：

(1) 臉型的修飾重點在於額頭的修飾，可用較花俏、有造型的瀏海來修飾額型。

(2) 若不喜歡花俏的瀏海造型，也可以用典雅的中分或是側旁分法。

NG 髮型：

(1) 頭部兩側不宜太過蓬鬆，否則會使額頭在視覺效果上看起來更寬。

菱型臉

額頭和下巴較窄，顴骨較高，給人幹練，敏銳的感覺。

髮型重點：

(1) 這種臉型最適合大波浪的長捲髮造型，來修飾臉部的稜角，使臉部線條看起來較柔和。

(2) 用瀏海及較蓬鬆的髮型，來修飾額頭及額頭兩側。

NG 髮型：

(1) 避免將額頭兩側的頭髮梳得太貼，也要避免露出額頭。

方型臉

俗稱「 國字臉」，前額及下巴方且寬，臉部線條較直，給人剛正，正直的感覺。

髮型重點：

(1) 以比例約 6：4 的長瀏海造型，來修飾並柔化臉部的曲線。

(2) 頭頂適宜蓬鬆，或是將造型重點放在頭頂上。

(3) 亦可用浪漫的長捲髮來修飾 ，柔化臉部線條。

NG 髮型：

(1) 不宜太貼或太過工整的髮型。

(2) 避免中分頭 ！ 因為中分頭會使妳的臉看起來更方。

第 3 篇

優質造型師精典圖解

3-1 造型師 林少蓉

造型師林少蓉有豐富婚紗經驗，擅長乾淨、自然、時尚及多風格表現，並創立優質時尚新娘秘書團隊，為全台及亞洲的新人們服務。

設計師特質：有著豐富的教學經驗，及秉持完美的作品要求，和細膩的彩妝精神技法。

rhea-amy.com.tw
0955322956．03-5265788
新竹市磐石路45號

經歷

台灣省美容美妝促進交流協會現任理事長
弗洛兒 -amy 美學教育中心教學部創意總監
新竹私立光復中學美容美髮科創意彩妝造型專任老師
及人體彩繪班專任講師
新竹園區特約廠商彩妝社指導老師
新竹玄藏大學親善大使造型特約造型講師
海豚灣專業攝影公司指定整體造型師

2006 年
整型達人美容雜誌春季，夏季號國際中文版特約造型師
中華盃全國美容美髮美儀技術競賽新娘白紗組亞軍
中華盃全國美容美髮美儀技術競賽美容評審委員
全國髮藝美容造型大賽新娘白紗組亞軍
全國髮藝美容造型大賽美容職類評審委員

2007 年
台灣原住民親善大使選美賽整體造型評審
前台灣小姐劉梓瑄小姐指定造型師
台灣原住民親善大使選美 佳麗之整體造型由 amy 教育中心造型團隊所承辦
美容乙級合格講師　美髮丙級合格講師

2008 年
北區救國團與遠東百貨合辦創意造型比賽總評審長
髮型名店：新竹原色，桃園特區連鎖髮型專任彩妝講師

2010 年
元培大學校園校花校草選拔賽評審
新竹市竹塹公主，觀光公主選拔賽指定造型師
中華民國全國盃美容美髮技藝競賽評審
北區救國團最佳社團績優教師

2012 年
城市盃美容美髮技藝競賽評審
新娘物語雜誌優質造型師

宮廷包頭系列

♥ 強調線條曲線，搭配現今流行的包頭，整體感覺既古典又時尚。

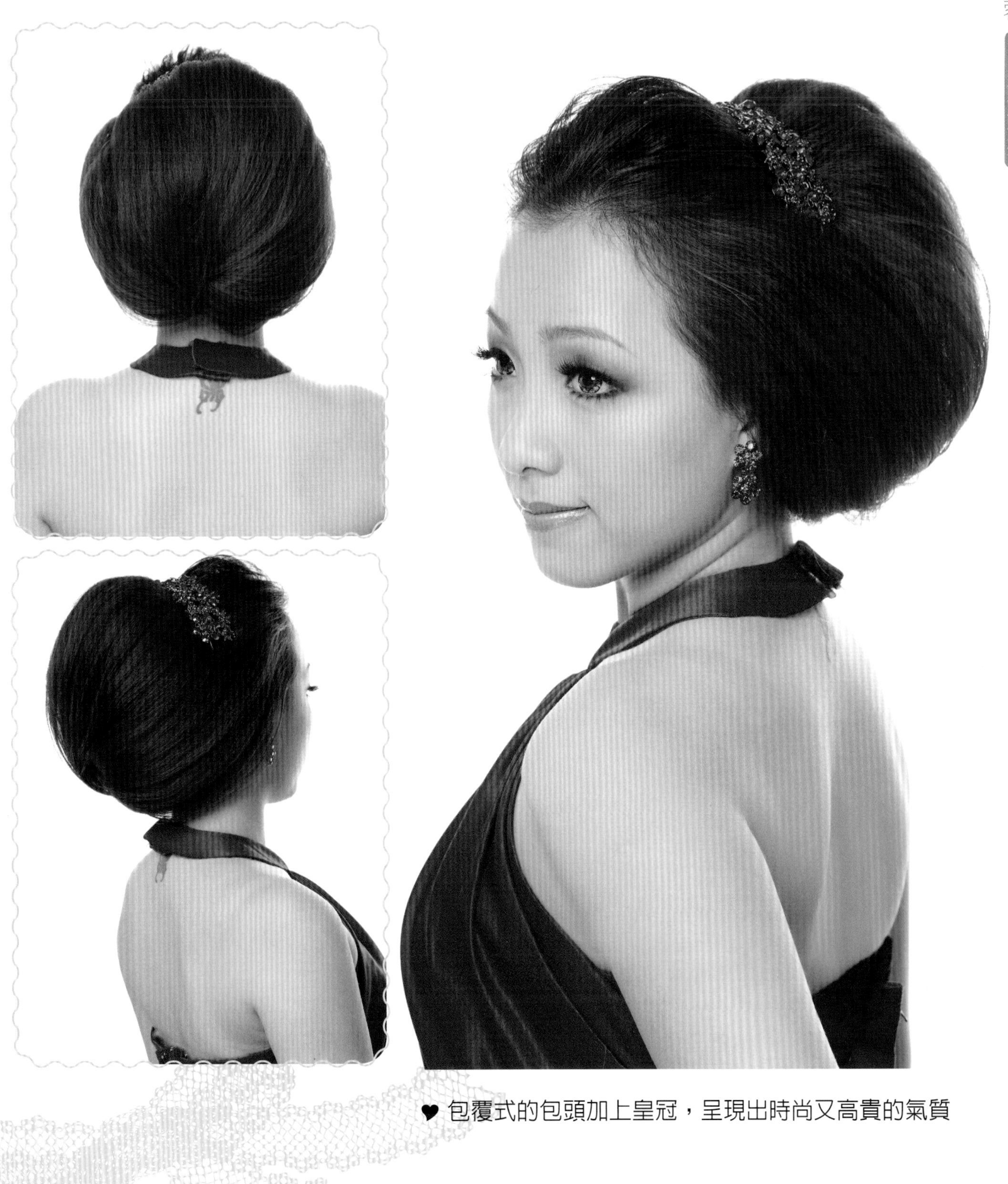

♥ 包覆式的包頭加上皇冠，呈現出時尚又高貴的氣質

♥ 典雅宛如尊貴的貴族女王露出飽滿額頭讓頭型更顯俐落，運用後頭不髮髻設計，流暢的髮束線條，襯托點精緻的氣質

新古典復古美姬

♥ 芭比娃娃的瀏海，讓古典的包頭變得更俏皮

♥ 在側邊展現變化豐富的手捲技巧，打造不同以往的包頭風格

♥ 梳上高聳的髮髻於頭頂，用波浪般的髮片呈現熱情的華麗感

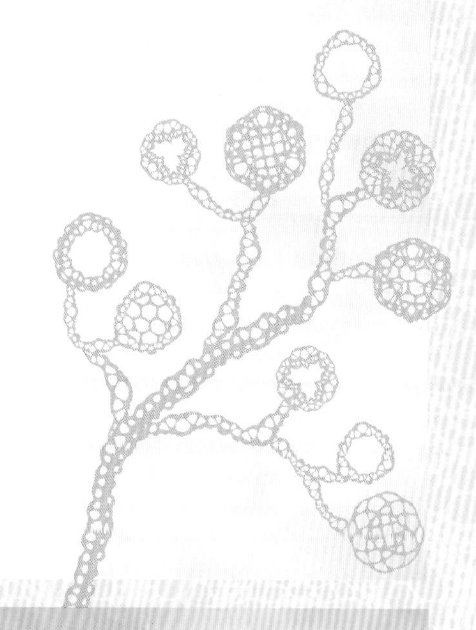

♥ 立領高貴的旗袍式白紗，搭配充滿東方味道的復古式髮型，古典氣質一次到位

♥ 皇冠的造型，展現新娘的雍容華貴。

♥ 紮起乾淨典雅的包頭點綴局部編髮，掛上細緻的鑽飾皇冠，展現王妃般的優雅身段

長髮造型篇

♥ 蓬蓬的浪漫捲髮是很迷人的髮型，再加上編髮，會讓造型更有甜美感

♥ 斜側包覆式加平捲法讓髮絲
掉落些許在頸部增加優雅感搭
配上含苞玫瑰更顯嬌媚感

♥ 將髮絲化身如藤蔓般，穿梭在花語間，熱情的的紅玫瑰配上凌亂中帶線條感的手法， 讓鮮花的表現與搭配更佳時尚。

♥ 浪漫優雅的長捲式編髮一直是新娘們造型中的首選

♥ 立體三股編髮技巧，搭配凌亂式髮片收至後髮術與編髮穿插融合，呈現不規則的編髮藝術

♥ 運用不規則的交錯線條盤髮與前短瀏海的特殊花朵設計，賦予長髮造型新的時尚氣息

♥ 運用二股麻花編，簡單的收成公主頭，宛如優雅的女王

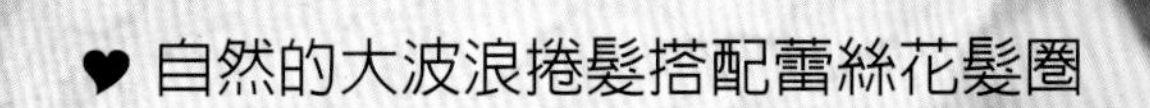

自然的大波浪捲髮搭配蕾絲花髮圈

♥ 小巧可人的蝴蝶結飾品，雖然沒有華麗誇張的效果，卻也具有甜美俏麗的妝點魅力

♥ 愛心編髮技巧搭配俏麗蝴蝶結飾品　讓編髮更顯甜美

♥ 多層次的甜心捲度與線條，配上可愛的蝴蝶結，呈現香甜迷人的可愛氛圍，為俏皮新娘的御用造型首選

♥ 法式的浪漫與公主般的甜美～花圈造型彷彿是童話故事公主的代表

♥ 溫柔古典的公主髻加上微鬆自然的髮線交錯，增添浪漫的柔美感

花語國度

♥ 童花故事中的花園～搭配圓弧妝的手捲技巧宛如花朵般的綻放，襯托了新娘幸福甜美的氣息

♥ 蓬鬆大捲的髮絲搭配
朵朵的大花微側擺放
襯出臉龐的性感氣質

♥ 古典氣質的代表花：蘭花擁有高雅氣質與貴族的優雅

♥ 洋溢糖果般的甜美，結合柔美的純真氣息，與粉紅色朵搭配，展現如女孩中的繽紛綺麗世界

♥ 現今新娘首選的編髮風，將以往平凡的瀏海以三股編髮形成的瀏海，增加了甜美的光采。

❤ 編織般的瀏海宛如是一件藝術品般的精緻

♥ 美艷花朵綻放在肩頸與髮絲之間鬆鬆的髮絲與柔柔的花朵，停留在你美麗的臉龐

♥ 以蝴蝶結配俏麗短髮造型，更顯得
年輕甜美的氣質。

♥ 韓劇主角般自然裸膚立體臉型，低髻編髮，貓眼妝呈現，你就是最佳的韓劇女主角

♥ 黑色一直是時尚界的指標顏色，線條般的鬆髮呈現龐克時尚的氣息

♥ 特殊的漩渦式劉海造型，可修飾額頭高的臉型

時尚眼妝特輯

3-2 造型師 吳美慧

吳美慧
作品網站 :rhea-amy.com.tw
Tel:0988220386

經歷

現任台灣美容美妝促進交流協會秘書長

新竹原色髮型廣告造型指定彩妝造型師

新竹市團委會新娘包頭班 · 日系 · 韓系彩妝班
專任指導老師

國家級美容乙丙級合格講師

新竹弗洛兒 Amy 美學教育中心專任整體造型講師

2009 年竹塹公主比賽指定造型師

2007 年中華民國全國盃新娘造型組特優獎

典雅公主

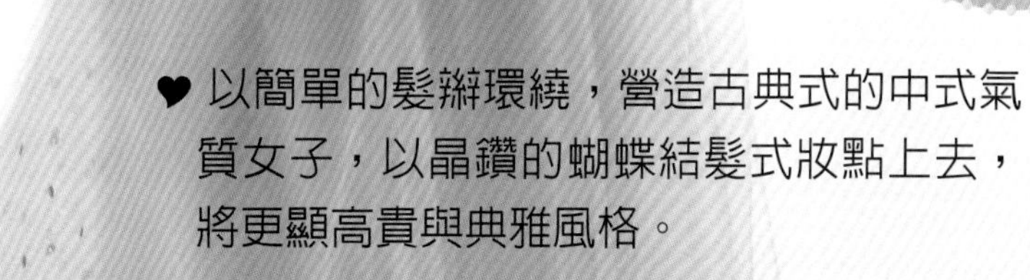

♥ 以簡單的髮辮環繞，營造古典式的中式氣質女子，以晶鑽的蝴蝶結髮式妝點上去，將更顯高貴與典雅風格。

浪漫柔情

♥ 此髮型的特色在於後腦的優美編髮
以多層次的編髮技巧編出氣質典雅而不俗氣的髮型，適當的髮飾搭配也可以讓素雅的造型多了一份俏麗感

♥ 微微的大波浪捲度，訴說著新娘柔美的氣質，鬆鬆的髮絲讓造型更具生命力與空氣感，喜歡柔美浪漫感的新娘，此造型是最佳的選擇

個性髮編

3-3
造型師
李佳玲
Jessica

Jessica 擅長浪漫甜美的風格，搭配自然清透的底妝。讓您在婚禮中華麗登場，成為所有鎂光燈下的焦點。服務項目：新娘秘書、尾牙、宴會造型、一般個人彩妝造型，歡迎來電預約洽談…

服務地區：全省服務．海外服務
聯絡電話： 0926-720-752
信箱：chia523i@hotmail.com
個人網站：http://www.wretch.cc/album/lcljessica

2009 年新竹市山之春賞花月觀光小姐暨健康大使選拔活動之彩粧師

2010 年國際盃美容美髮大賽流行時尚演示會晚宴化粧組特優獎

弗洛兒 -amy 美學教育新竹店助理講師

救國團基礎彩粧 ． 雜誌髮型 DIY 專任講師

美容乙級合格通過

優雅王妃
優雅低調奢華

♥ 以復古簡約編髮盤成的赫本包頭，搭配施華洛世奇的高冠，立即散發出不同的優雅風格。

古典女伶
高尚古典線條美

♥ 包頭大多以乾淨優雅著稱，如果要讓整體造型的質感勝出，最重要的關鍵就是“線條”。側邊設計出圓弧的線條，不但不會讓包頭顯得過於死板，反而有種精緻的古典美。

氣質女優

♥ 近年來流行的趨勢，就是用鮮花來做造型頭飾。每種花都有代表的意義，像：百合代表高貴純潔、粉紅玫瑰代表永遠的愛、桔梗花代表不變的愛，這些花都非常適合用婚禮當造型的頭飾。

極緻優雅

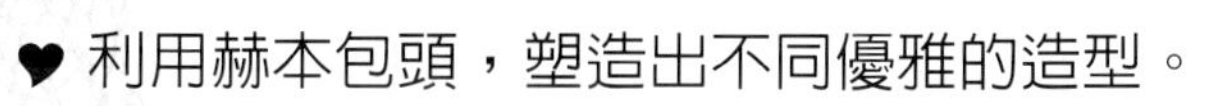

♥ 利用赫本包頭，塑造出不同優雅的造型。

待嫁女兒心

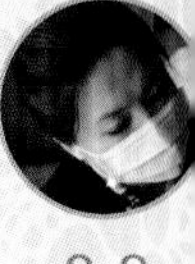

甜心佳人

♥ 蓬鬆不收邊的空氣挽髮搭配蝴蝶結飾品，就能流露甜美的氣質。

♥ 立體蓬度的瀏海可修飾臉型的圓潤，散發出自信美

性感誘惑

♥ 龐克風的髮型，後區頭髮全部往上拉高，固定於頭頂區。瀏海部份向上拉高、刮蓬，製造成不規則的混亂感，例如鳥巢狀。

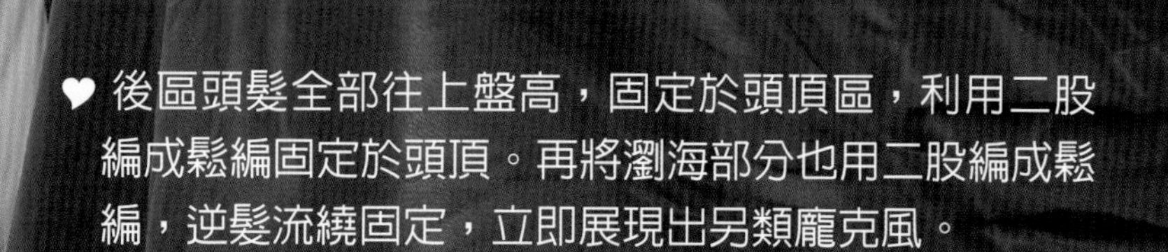

♥ 後區頭髮全部往上盤高，固定於頭頂區，利用二股編成鬆編固定於頭頂。再將瀏海部分也用二股編成鬆編，逆髮流繞固定，立即展現出另類龐克風。

女爵

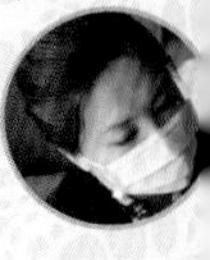

絕色年華

3-4
造型師
林曉從
Miki

Miki
聯絡方式 :0972-211593
部落格 :http://www.wretch.cc/blog/kimbno123
作品集 :http://www.wretch.cc/album/kimbno123

經歷

專職新娘秘書
新竹弗洛兒 Amy 美學教育中心造型師
救國團專業新娘飾品製作專任講師
美容乙級合格

2009 年
新竹市山之春賞花月觀光小姐暨健康大使選拔活動之彩妝師

2010 年
中華民國全國盃髮型美容競技大會—新娘化妝組特優獎
國際盃美容美髮大賽流行時尚演示會—新娘化妝組特優獎
竹塹公主選拔賽整體造型師

2011 年
竹塹公主選拔賽整體造型師

優雅王妃

♥ 以簡單乾淨的髮髻搭配寬版皇冠
是經典不敗的新娘髮型

♥ 在後腦杓放上一支方型的冠做為裝飾與頭頂上的冠相互輝映

♥ 越是簡單的髮型越需要注重細節的部份！髮型線條的流暢度，光亮度皆是需要注意的細節！

〔時尚美髮〕

♥ 較低的髮髻總是給人一種較成熟穩重的感覺。若是想要展現成熟女人的風情，此種髮型是在適合不過的了。

♥ 低髻總是給人自信成熟女性的印象

〔經典極簡包頭〕

♥ 不喜歡太過繁複的髮型嗎？
用簡單的包頭搭配上一支美麗的皇冠，
就可以襯托出新娘的氣質與個人特色

浪漫典雅

♥ 鬆散的兩股編做成的包頭，帶有浪漫的法式氛圍，搭配上華麗的大蝴蝶結或是帽紗都很適合

〔典雅貴婦〕

♥ 儉約典雅的包頭，襯托出新娘高貴的氣質，是新娘造型中的不敗經典款

狂野玫瑰

♥ 火紅的玫瑰配上冶艷的紅唇，讓人想一親芳澤

♥ 帶有線條感的浪漫捲髮，火紅玫瑰隱藏其中，艷麗而不俗氣

♥ 喜歡花又擔心太過花俏給人花痴的印象嗎？ 那就試試簡單的髮型搭配花的造型吧!! 甜美又不失搶眼喔！

〔粉紅甜心〕

♥ 自然，不做作的微捲的公主頭，搭配上粉紅色的花多，更加襯托出小女孩般甜美的氣質

〔典雅溫婉〕

♥ 側邊的髮式是相當受歡迎的一種髮型，秀氣典雅又不失大方。
使用小巧的水鑽飾品略加點綴，可以讓整體造型更為加分！

甜心公主

♥ 總覺得皇冠或是花太過老套了？想來點與衆不同的嗎？？可以試試由牛仔帽和花朵製成的小帽！ 搭配盤在頭頂的高髻髮型！俏皮可愛又時尚！

〔花漾浪漫〕

♥ 不一定非得要在頭上放上閃亮亮或是太過醒目的飾品，用具有線條感的花式髮髻取代華麗的飾品，亦可製造出時尚感

♥ 側邊飾品為花式髮髻製造出畫龍點睛的效果

第4篇

伴娘彩妝重點技法

◆ 伴娘的工作重點事項：

1. 記得時刻看著新娘子身上的珠寶金飾數量。
2. 要隨時注意新娘穿脫禮服、手套時＂首飾的數量＂一定要每次換好後都確認。
3. 當新娘的貼身私密助理，打理新娘的對外瑣事（代管理紅包、朋友回禮、廁所⋯等）。

◆ 伴娘造型重點：

簡單而不隨便，妝感也不宜過度濃豔，以免過度的造型會被誤認為搶了新娘的鋒頭喔！
伴娘的造型是婚禮中不可忽略；也不可過度打扮是重點之一喔！

以下由 2 位造型師，提供即將成為伴娘的人給予最佳的造型介紹：

新秘達人
林潔怡

Tel：0955163060
Mail：x797060051honey@yahoo.com.tw
作品網站：rhea-amy.com.tw

新秘達人
胡欣怡

Tel：0915120938
Mail：yishanbuty@yahoo.com.tw
作品網站：請搜尋臉書（茗漾欣怡）
rhea-amy.com.tw

髮妝造形師 林潔怡 伴娘作品示範

♥ 自然大波浪髮流，搭配髮圈式飾品，
簡單又不隨便

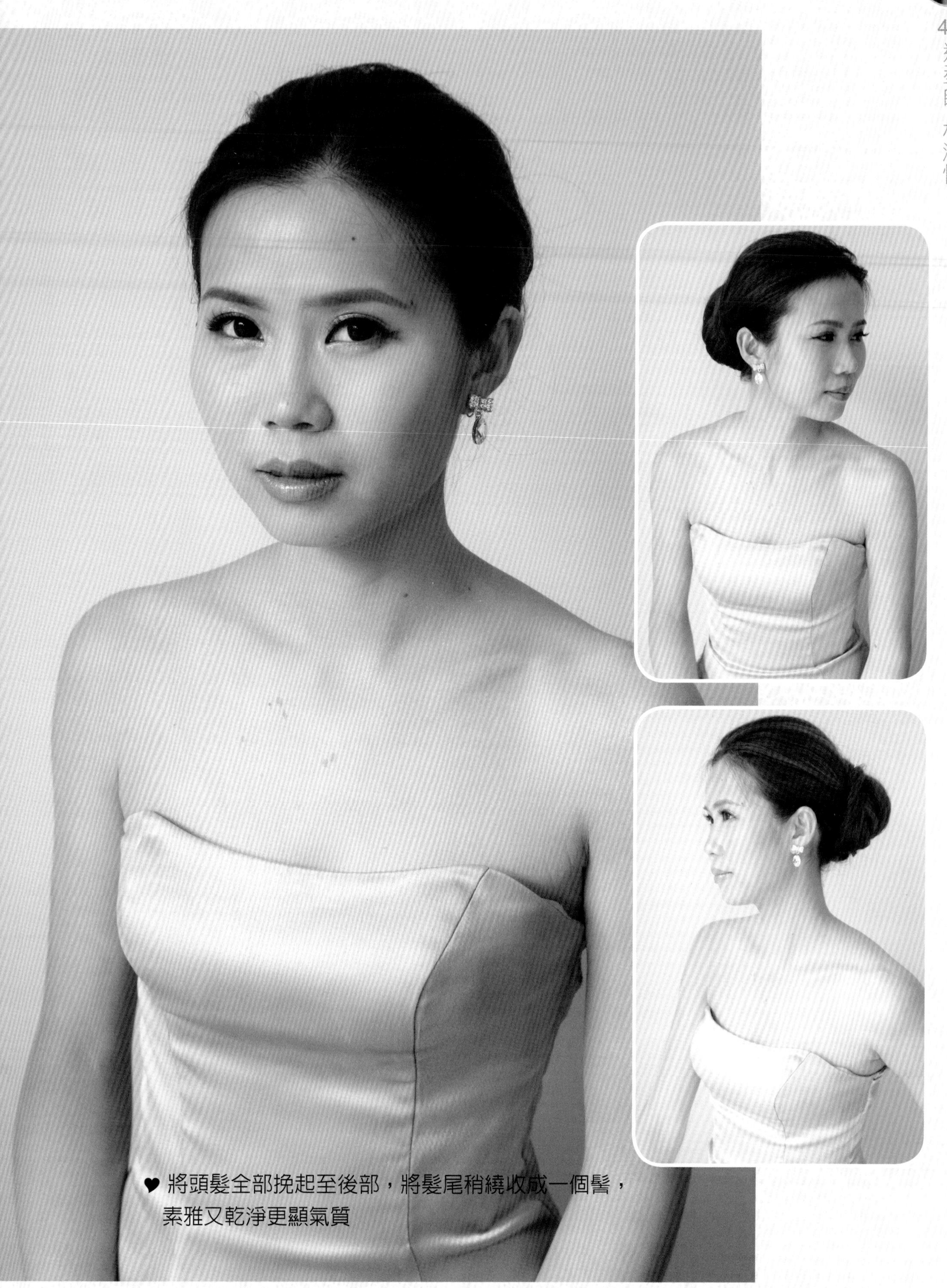

♥ 將頭髮全部挽起至後部，將髮尾稍繞收成一個髻，素雅又乾淨更顯氣質

♥ 喜愛俏麗感的伴娘此款側邊長髮造型將是最佳的選擇

♥ 前面瀏海簡單側邊做花型造型，並在後側部做個蝴蝶結，此款屬簡單但又非常有型的伴娘造型

♥ 簡單的馬尾搭上立體的編髮，
蹦出俏麗的火花

♥ 不想把頭髮梳太乾淨又想綁起了的伴娘，此款運用編髮讓包頭年輕指數飆高

髮妝造形師 胡欣怡 伴娘作品示範

第5篇

指甲彩繪秘技激凸

幸福花嫁～
手♥舞媚動絕美展演

完美新娘～傳遞幸福的指.美甲造型大賞

仙女

宴會中那個目光的聚焦

跟隨妳移動駐足！

在出席每個PARTY、每個約會...仙度拉的夢幻之旅

令人驚艷讚賞、閃閃動人的注目焦點

每個女生最華麗的期待

在妳的人生最重要的時刻～

完美動人的新嫁娘！

造型彩妝設計者／林少蓉

Black Dress

媚 傳遞幸福的指.美甲造型大賞

『金色的華麗、銀色的焠鍊、黑色的神祕嫵媚、白色的典雅純潔』一直是時尚的經典不敗選色，使用塊面的上色法讓甲面指形看起來更加修長優雅，仿真立體玫瑰花是設計重點巧妙串聯整體，加以施華美鑽點綴，在神祕的黑中為整體添加時尚感，時尚的品味，朝拜之情顯露其中！

設計者 陳頤緁

造型彩妝設計者 / 林少蓉

White Dress

美。傳遞幸福的指.美甲造型大賞

典雅、純淨無瑕的白色，象徵追求幸福的白鴿，在看似平靜淡雅中，為新嫁娘帶來心中喜悅，為喜悅中的幸福帶來鑰匙，走向紅毯的彼端，開啓愛情的甜美。以法式的高雅，點綴出新嫁娘的羞澀，更以多層次的粉雕玫瑰花襯托氣質出衆完美不凡！

設計者 賴昱玟

Nail Art Samples For White Dress

造型彩妝設計者／林少蓉

動 傳遞幸福的指.美甲造型大賞

『水、冰、霧、露、雲，藍色的韻律，如水的流動』
運用同色系的搭色技巧，質感轉換，搭配奢華美鑽飾
以大量的鑲貼，精心打造『波光粼粼、閃閃惹人愛』
的時尚設計氛圍，觸動冰火的心！

設計者 范琜芸

完美新娘～♥ 手♥足魅力終極養成

完美新娘～不得忽視的手足養成計畫

身為準新嫁娘的妳，婚前保養必須全方位養成，只為追求當下『永恆唯一的美麗』。即便日常隨性恣意的打扮，表現個人穿衣風格，在白紗、晚禮服的打扮上，不免俗的必須小露性感，展現性感女人味，從髮妝的梳畫、肩頸線條的表露，穠纖合度的身型展現，更甚至是那纖纖玉指，無一不完美無暇，各個環節皆予以不可錯過。保養的態度養成於生活中，每日簡易的基礎保養，成就你的無限美麗。但生活中步調緊湊工作繁忙的你，往往忽略保養課題，日積月累促使皮膚粗造乾裂，搶救大作戰，讓專業美甲沙龍，由指尖開始，找回你的無暇美肌，量身打造你專屬的漂亮魔法～

居家簡易保養，準備基礎的保養品：去角質霜、乳液、指緣油、磨棒

護甲、護手概念分享 ♥

『手是女人的第二張臉』，千萬別忽視了!透過專業跟居家護理幫忙碌生活的妳，能在最短的時間內同時解決指尖乾燥及皮膚缺水的問題。首先以滋潤水及最新的美白泡錠溫和去除指際甘皮，淨白手指甲面，而指甲專用面膜的潤澤與保溼功效，讓泛黃乾裂的指甲重返晶瑩透亮，再以瑩白嫩手去皺霜自手掌到指尖細細按摩，徹底舒緩放鬆。黝黑黯沉的手背肌膚不見了，乾黃粗糙的指甲不見了！妳的魅力，即將從十指開始蔓延，幸福美麗，通通手到擒來。

完美新娘～
甜心魔法心肌手部深層養護全攻略

女性哪一些小動作，最能讓男性心動呢？不管是撥頭髮，還是幫對方調整領帶，都是很熱門的答案。然而不管是什麼動作，一雙玉手都是重要主角。因此除了要定期去角質、勤擦護手霜之外，塗上一點指甲油也是可以增加女人味的作法。但是十隻手指都一樣的甲面，是不是有點太單調了呢？顏色繽紛、圖案多變，甚至還閃亮亮的美甲設計，就是最好的選擇。

不僅能抓住別人的目光，還可以增添造型流行度，是大家都想嘗試看看的華麗小變身。

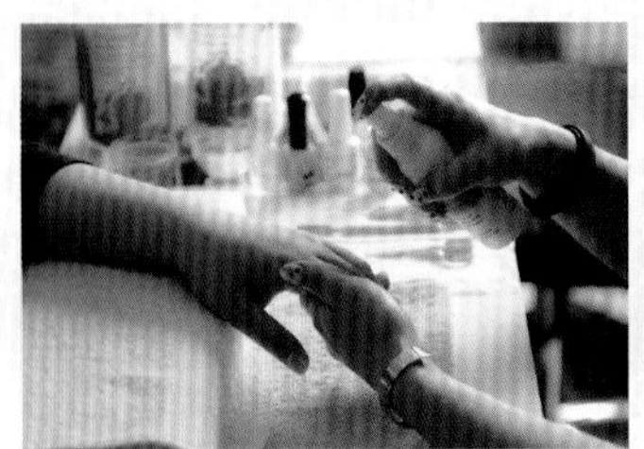

A. 消毒、去色

B. 修型 去除甲面橫紋

A. 消毒、去色

『雙手是傳遞細菌，最好的媒介。』因此，請記得居家，一定先使用清潔用品；洗淨雙手，在進行保養動作哦！將棉球沾濕去光水放置於甲面，靜置5秒後，輕輕順著甲面取下，即可。

小叮嚀：去光水一要選擇不含甲醇成份，避免造成甲面變黃、易脆！

B. 修型 去除甲面橫紋

甲型修整漂亮就是這個步驟啦，選擇適合的真甲磨棒，來回修磨；便可打造屬於個人迷人甲型。再幫甲面去除橫紋，更可使指甲油呈現更平順光滑的亮澤感。

小叮嚀：拋磨甲面時，記得使用細面泡棉拋棒，才不會損傷甲面哦！

C. 均勻塗抹指緣軟化乳

D. 修剪甘皮

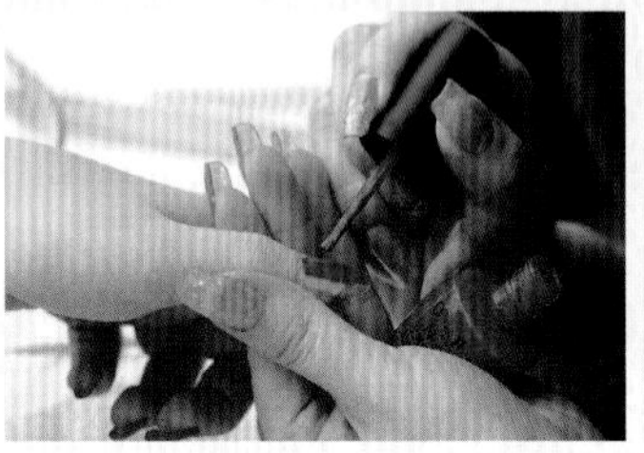

E. 上色

♥. 完成

C. 均勻塗抹指緣軟化乳

甲緣周圍的老廢硬皮，可透過指緣軟化乳加強軟化及延緩硬皮生長速度；塗抹於指緣周圍，待吸收後即可推除及修剪多餘硬皮。

D. 修剪甘皮

將已軟化的硬皮及死皮層，輕輕用橘木棒包覆棉花沾水推開甲面，使用專業甘皮剪順著甲緣將已軟化的硬皮及死皮層剪除。

小叮嚀：切勿剪的過深或過多傷及真皮層，會導致流血。一定要注意哦。

E. 上色

在上色前，記得先上一層底層油，保護指甲不受到指甲油的色素沉澱，把甲面分成三區，依序從中間到兩側以不碰到兩側甲溝為基準。最後，在上一層亮光油即可維持長達兩週的亮麗色彩。

完美新娘～
甜心魔法心肌
足部深層養護全攻略

一整天足跟支撐了全身的重量，加上經常走動摩擦，腳上的角質層不斷增厚來保護皮膚，而足底缺乏皮脂膜防止角質層水分的蒸散，無法自行滋養，到了秋冬空氣乾燥，出汗變少難以維持足跟濕潤，就容易發生足跟龜裂的情形。因此每天活動不停的雙腳更需要好好保養，還原細緻嫩白足部肌膚。居家足部護理：足部的居家護理約一星期做一次，先去角質再塗上護足霜潤足部肌膚。請準備泡腳的小臉盆裝溫熱的水、泡澡鹽、磨砂膏、護足霜...等

足部保養工具

護足概念分享

『千萬不要讓足底皮膚已經龜裂了才來重視足部護理哦!!』

從清新足浴開始，先幫雙足補充微量元素，同時修護皮脂膜，並角化老廢角質細胞，足浴中散發淡淡芳香，有效舒緩壓力，緩和並平衡疲憊的身心。接下來的足部角質霜，沿著小腿輕柔按摩，溫和去除老化角質細胞，微粒海藻精華及金盞花精華成分安撫鎮定同時恢復雙足生機，再來以珍貴按摩油結合專業手技細細從小腿開始按摩，有效舒緩平日腳部壓力。消除疲勞，同時提升腿部循環，幫助代謝多餘水分及廢物，讓妳從小腿到足間充滿輕盈活力。

所謂的時尚就是要注意每一個小細節，所以也不能夠忽略掉腳指甲的重要性呢！

足部保養流程

皮膚消毒→ 抗菌足浴→ 足底硬皮護理→

去色→ 修型→ 甘皮處理→ 皮膚調理→ 果香舒緩按摩→ 防護乳液保濕護理→ 甲面拋光→ 機能性護甲液→ 上色→ 護色亮光油

一般人都是針對足底硬皮產到最困擾，可以使用專業的足底軟化液或泡水久一點來軟化足底硬皮，在用美足板來拋磨老廢硬繭，建護不要使用孔洞很大的浮石來拋磨足底硬皮，很容易造成足底皮膚刮傷或細小裂紋；再抹上足霜即大功告成

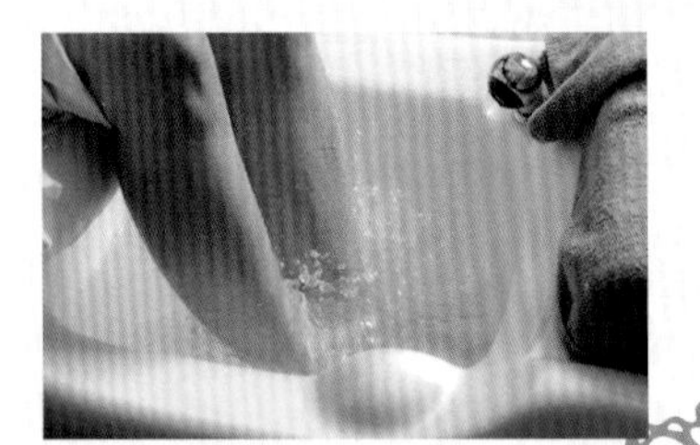

消毒、抗菌足浴

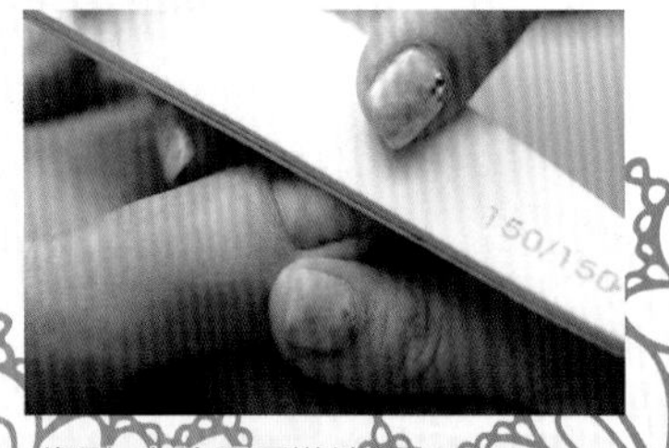

修型 去除甲面橫紋

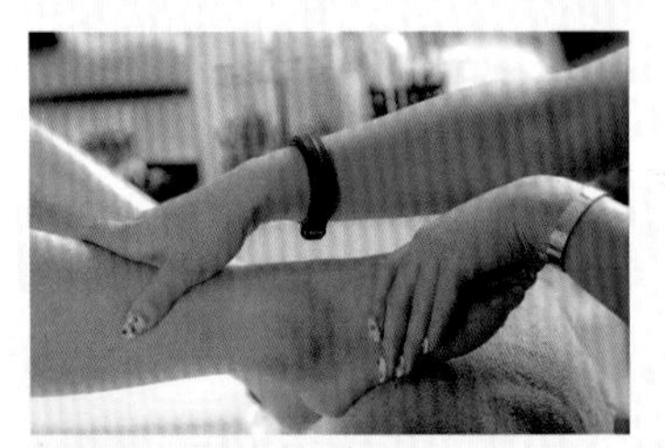

均勻塗抹指緣軟化乳

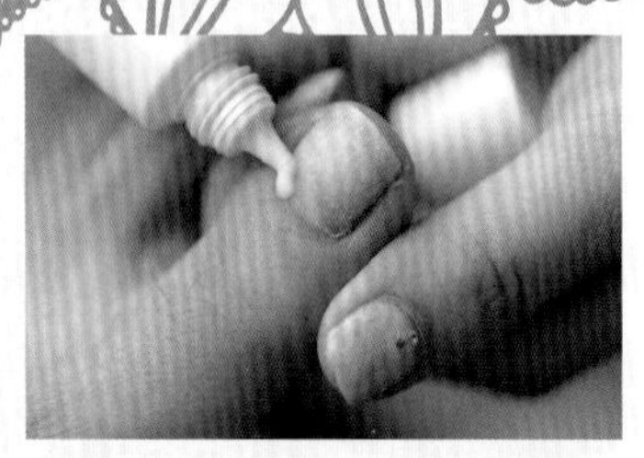

防護乳液保濕護理

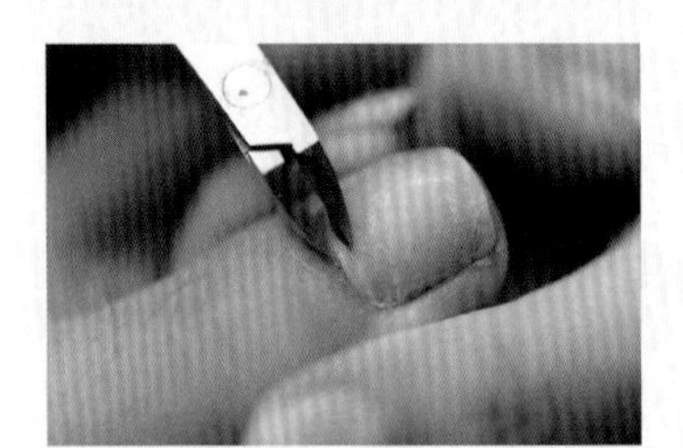

修剪甘皮

甲面拋光

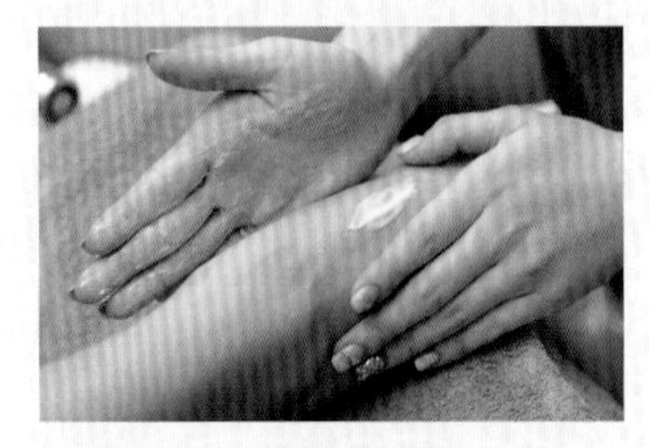

皮膚調理、果香舒緩按摩

❤. 完成

手/足部肌膚護理流程

皮膚消毒→ 去色→ 修型→ 甘皮處理→皮膚調理→ 舒緩按摩→保濕護理→ 拋光→ 機能性護甲液→ 上色→ 護色亮光油

P.S:

皮膚調理即可使用家中有的去角質霜，依產品使用特色，在指尖到全身都可輕鬆代謝皮膚角質；接著在用保濕乳液加強皮膚水分的導入。這時皮膚即可呈現吹彈可破的柔嫩肌。

妝♥指尖～

既愛美又忙碌的現代生活，換取時間的美麗，最佳的選則『甲片』，甲片的製作時間快速，所以很多不能在甲面上停留過久的客人都會選擇貼甲片，快速又方便且符合小資女的需求『經濟實惠』。

想擁有時尚美麗兼具聰明小資女的妳，

不妨嘗試一下！

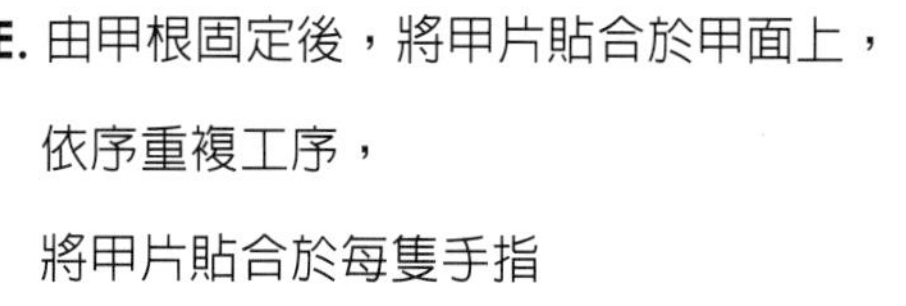

A. 甲面拋除光澤

B. 挑選適當甲片大小

C. 修磨甲片形狀，以利貼合服貼

D. 甲片根部上專用貼劑

E. 由甲根固定後，將甲片貼合於甲面上，
依序重複工序，
將甲片貼合於每隻手指

F. 上指甲油

G. 法式甲油

H. 法式甲油上法介紹，先從左側高點畫出弧度從右側高點劃出弧度，兩邊交接處輕輕帶圓弧，即完成

I. 在微笑線弧度上帶上銀色亮片，
更顯亮麗

J. 在中指，點綴施華美鑽更顯貴氣，
在要貼鑽的地方上一些貼鑽專用貼合劑

K. 輕輕放上要貼的鑽飾，圍成弧度，
點綴金色電鍍珠

L. 完成

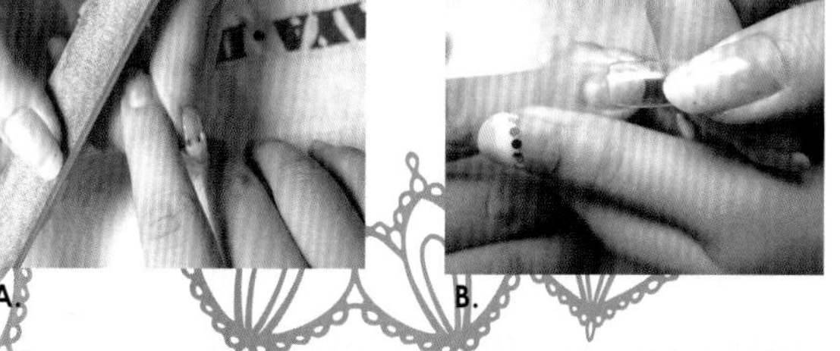

A. B.

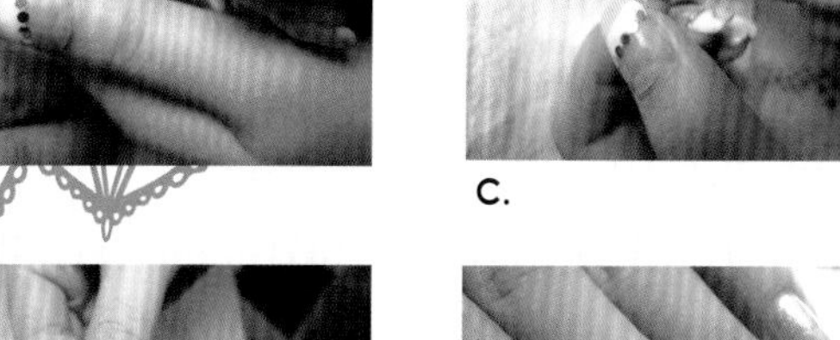

C.

D. E. F.

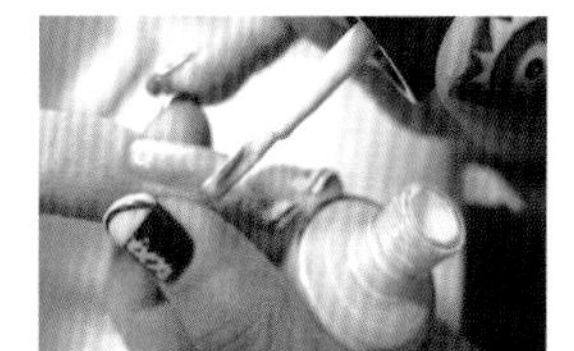

G.

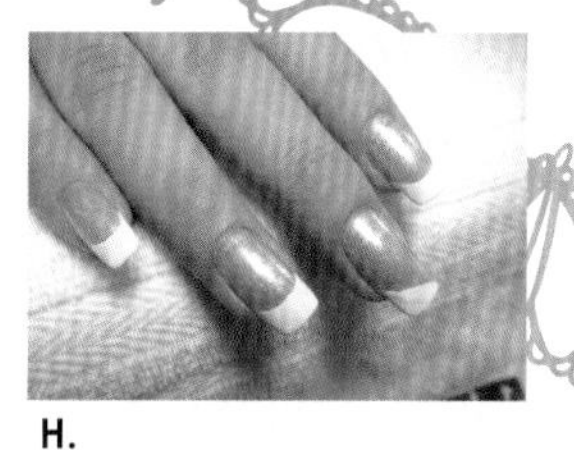

H.

I.

J.

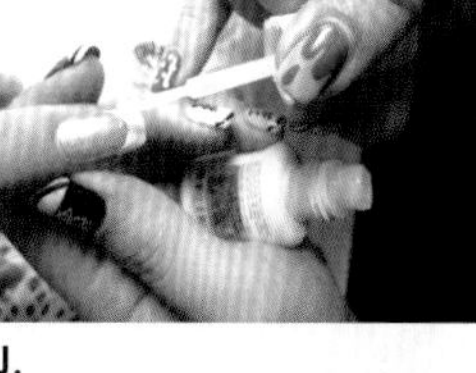

K.

L.

玩♥ 指尖～水晶指甲製作分享

水晶指甲製作過程?

水晶指甲為附著在真指甲上的假指甲，

材質為水晶粉與溶劑調和而成，而美甲師需在水晶粉與溶劑調和物還未硬化前加以塑型修磨後才是成品。水晶指甲最討人喜歡的地方在於可以調整指甲的長短與形狀。而甲面的的增長能使手指具有纖長的視覺效果。此外，水晶指甲的硬度與亮度皆優於真指甲，能夠在其上有各種指甲造型變化，利用色彩變換、立體粉雕裝飾或黏貼水鑽、璀燦光療等美甲方式增加美觀。

水晶指甲的種類有哪些？

以甲片長度來說可分為兩類：水晶指甲、『半甲片』水晶指甲（所謂的半甲片便是從指甲微笑線才開始貼飾的甲片）。

亦可依照呈現與製作方式不同，大致可分為以下款式:

- 自然水晶指甲：延伸水晶指甲長度後，再妝點自然色或透明感水晶粉，能夠簡單地使指甲延長並修飾甲型。
- 璀璨水晶指甲：以含有細碎亮片或晶瑩亮粉的水晶粉製作點飾水晶指甲，種類及顏色選擇多樣，可以依喜好變換閃閃動人的璀璨。
- 法式水晶指甲：完成後的外觀如名字般高貴優雅，作法為在水晶指甲前端以白色水晶粉作出猶如真甲般的微笑線。缺點為指床短的人不適合此種水晶指甲，否則更顯指床短小而不夠大方。
- 夾心水晶指甲：水晶指甲內包夾粉雕或蕾絲貼紙，相當費工時的美甲作品，因此成品往往吸引旁人目光，使人驚豔。即便內容可有多種圖形變化，甲面仍顯得光滑明亮。

PS.以上的水晶指甲皆可以在甲面上方雕繪立體造型與黏貼水鑽等以增加造型感。

製作水晶指甲需要多少時間呢？

一般情況為2個小時～2.5個小時，建議您利用空閒時間，輕鬆愉悅地體會指甲煥然一新的美麗；如加上粉雕、彩繪、貼鑽、飾花等較為繁複的造型者，則需視不同情況增加時間。

水晶指甲的壽命?一般可以維持多久時間?

水晶指甲依個人指甲生長速度與保養情況而有不同的壽命。指甲生長速度一般為1mm/周，品質良好的水晶指甲能隨指甲生長，而出現明顯的段差。除非意欲更換水晶指甲造型，否則建議美眉們可以三星期左右修補一次，於修補後再行卸甲重做若您指甲生長速度較快，請務必讓美甲師立即處理。除了礙於美觀的原因之外，另一方面則因為指甲過長而容易凹折、斷裂受損或指緣縫隙易殘存水氣，並造成發霉的情況。美眉們愛護水晶指甲的最好方式便是定期回沙龍修剪與保養水晶指甲喔！除上述原因之外，水晶指甲的壽命也與美甲師專業與否及所使用美甲產品優劣有極大關係，美眉們在挑選美甲沙龍時，應審慎分析考慮此項原則。

可以自行卸除水晶指甲嗎？

請美甲沙龍專業美甲師協助處理，能於卸甲後維持指甲整體美觀，也使指甲能正確地被保養，使指甲更為強韌。需注意的是頻繁拆卸水晶指甲，或以非正常程序與方式卸除水晶指甲，以及長時間不予理會不僅影響指甲外觀，甚至造成病變！美眉們不可不小心啊！

建議～對於第一次做水晶指甲的美眉：

- 長度：建議從較短的長度開始，嘗試1.5至2格的長度時，若能毫無阻礙地從事需要靈活運用手指的動作，如打電腦、按手機、扣釦子、掏耳朵、卸除隱形眼鏡......等等，便可循序漸進增加長度。做完水晶指甲時，會感受指甲表面的緊壓或異物感，此為正常狀況。待一兩天後，此種不適應感便會消失。
- 顏色：可以選擇自己喜歡的、襯托膚色的、幸運的、流行的、季節的顏色。如能搭配服裝、整體造型、考慮出席場合等效果更是加分呢！此外，還可嘗試多種水晶指甲造型變化，如璀璨光療、3D立體雕花、水鑽或是夾心水晶...等，讓您成為吸睛焦點。
- 厚度：過厚顯得突兀，過薄則容易斷裂。建議向專業美甲師諮詢，請她為您打早適合的水晶指甲造型。
- 生活習慣：現代生活對於電腦或數位產品更為依賴，若不慣於裝戴水晶指甲做事，就應避免太長的甲面。考慮自己的生活習慣與需求後製作最適合的水晶指甲，才能讓指甲美觀之餘還能帶來舒服愉悅感受。若已經裝飾水晶指甲，應盡量避免搬運重物或過度使用指尖，以免造成水晶指甲壽命過短的遺憾。

日月星辰～瑪雅的太陽曆法

瑪雅時尚美甲/依蝶藝術指甲～造型團隊介紹

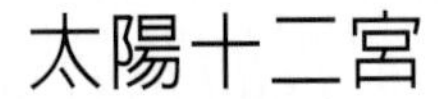

太陽十二宮

日出日落的週期，存在的夢想如水晶泡泡般裊裊飄浮在瑪雅的魔法空間裡，

阿波羅的耀眼照亮了衆人的夢想晶球，精準的投映在瑪雅的太陽曆、星宿的命宮。

美甲棒輕敲、流彩暈染、我揮舞魔杖施展魔法，瑪雅太陽曆緩緩的轉動起。十二星座、萬象星空，我在瑪雅找到自已的天空。法式炫麗、水晶斑斕，指尖的新裳不時令衆人驚嘆。蔻丹彩繪、美鑽鑲貼，美的力量讓小女孩成了仙杜瑞拉。

想擁有美麗魔法的教主們、請到西大路309號月臺，瑪雅時尚魔法學園的秘密空間讓您學得美的魔力、成就美的事業。

瑪雅時尚團隊~

『給每一雙手最到位的設計』美甲是整體造型不可或缺的一部分，
也因為有了指甲造型，讓個人的風格顯得更完美、更細緻!指甲造型就像服裝、髮型一樣，
在每一個時期、不同的季節都有它流行的趨勢、 顏色和特別強調的元素。

如何給每一雙手最到位的設計？
美甲護理師除了具備最專業的技術之外，找出客人的style、喜好，觀察其服裝和整體的配飾，
作顏色的選擇，在在都影響作品所呈現的效果；身為一個專業的美甲造型師，除了在技術上精益，
更應該對時尚具備敏銳的觀察力，才能創造出與眾不同的美甲吸引力。

~~~願創作美甲藝術的熱情，帶給每個朋友快樂美麗的心情~~~

資　歷

- 2006年SPC台灣市長盃全國大賽真人法式水晶指甲冠軍
- 2004年SPC台灣本部第四屆市長盃
  全國大賽指甲彩繪組冠軍
- 第二十九屆亞洲髮型大賽3D美甲彩繪組 冠軍
- 國際NBAPU盃真人法式光撩甲 亞軍
- 擔任國內二級美甲檢定 評審
- 受邀至中國大陸 韓國等地擔任國際美甲評審
- 擔任國內個大場次美甲評審
- 第十八屆美容髮型化粧大賽
  傑出藝術指甲講師
- 依蝶藝術美甲 設計總監
- 瑪雅時尚美甲 教育總監

總監：張逸美
~~~

創造妳的美～
選則專業的美甲沙龍～

如何選擇適合的美甲師？

1. 談吐：口齒清晰，個性健談，能與客人分享新奇的事物，製造有趣的話題，藉此與顧客進行良好的溝通。
2. 態度：面帶笑容，態度親切，情緒溫和或喜悅，不因任何原因影響工作情緒。
3. 應對：能瞭解顧客喜好，洞悉客人所愛。用心傾聽顧客的想法或心事，並以中立的態度回應，切忌太多個人想法或任意批評！過於主觀與偏激的美甲師，恐怕讓顧客因情緒壓力而選擇不適合的產品。
4. 人格特質：想法有創意與富含新鮮感，積極上進為顧客打造最合適的美甲造型。
5. 專業素養：選擇有深厚的專業知識、能有效率地為客人解決難題的美甲師。不斷自我成長，與時俱進，以求美甲技術與知識的深度與開展。
6. 服務：能由衷關心客戶需求，而非計較顧客荷包。積極耐心與客戶溝通並達成共識，避免事後面臨過多的負面反應與棘手問題。

如何挑選優質美甲店？

- 該店使用具有品牌或是知名度的美甲產品。
- 美甲師專業素養及服務態度。能待客如親友，面帶微笑有禮貌。
- 重視售後服務。瞭解客人保養後的回饋及意見，
  三天內光療或水晶指甲狀況等
  能完善地處理顧客的任何關於指甲或消費的問題，讓顧客滿意。
- 店內環境乾淨整潔，更重要的是完善高標準的消毒設備與過程。
- 具有規模與制度的沙龍店，相對空間與環境也更為舒適。
  美甲專業人員多，分工合作，水準一致，更具專業度。
  也因選擇較多，而容易預約時間。
- 品質優良、座位寬敞柔軟的SPA椅，讓顧客久待仍感到舒適。

分享幸福，玩美5感體驗優惠

Invitation

瑪雅時尚美甲/依蝶藝術指甲.邀您一同成就手足魅力

指尖的美麗，揮舞甜蜜的氣味；傳遞幸福的氛圍，渲染你我的生活

甜蜜氣味。千元折抵

冰淇淋、沙灘、陽光與海～創造屬於妳的甜蜜夏季...

購買彩繪工具材料、手足保養品，**滿千元享百元折抵**.

分享幸福。千元折抵

邀遊藍天下，就該被幸福圍繞！與妳共享～

購買美甲沙龍課程服務，**滿千元享百元折抵**.

成就玩美。5000元.大方送

今夏～ 成就你的靚！成就你的時尚！參加限定美甲課程，贈教育折價券5000元.

就愛玩美。分享價6999元.

夏日最耀眼的妳，揮舞妳指尖的愛玩美，購買彩貼光療課程，限時優惠價6999元.

艷夏.嫩白纖指美膚優惠組

暢遊夏日，保持妳的淨透嫩白美肌，與妳分享無暇妝感

嫩白纖指美膚組

凝膠手套、15%微晶胺基酸去角質煥膚露(專業版)、
Q10乳霜、美C潤澤護手乳(玫瑰味)

原價3200元 特惠價1888元.

數量有限 售完為止. 活動內容以現場公告為主. 預購專線：03-5249-435. 03-5269-585

歡迎進入瑪雅時尚美甲/依蝶藝術指甲 瑰麗的美甲殿堂.

第6篇

假睫毛學學技法
與注意事項

6-1 漂亮睫毛輕鬆戴

先使用睫毛夾將自己的睫毛夾翹，勿過度用力使用避免自身睫毛斷落。

取下假睫毛依照眼型弧度輕柔塑形，此為戴假睫毛更能舒適服貼之必要動作。

將所需要配帶之假睫毛比對眼型長度，盡量避免過於靠近眼頭。

將假睫毛左右兩側餘邊做適當修剪確保符合眼型避免過長或是過短。

取出假睫毛專用膠水沾取適當劑量並均勻的塗抹在假睫毛棉梗上。

待膠水呈現半透明狀態後，順勢將假睫毛中心部位對準眼皮下處暨自身真睫毛根部上方處按壓。

檢查假睫毛貼黏前後距離是否一致以及捲翹程度是否過高或過低。

嘗試左右眨眼或是以手指邊緣輕撥，做為最後黏緊度確認再因不同之處作些微的調整。

上序步驟完成後（約過10~20 秒後）同時間作最後一次檢查微調暨配戴完成。

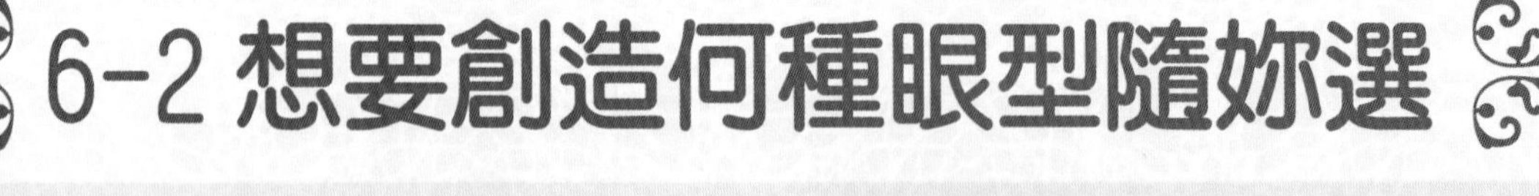

6-2 想要創造何種眼型隨妳選

860

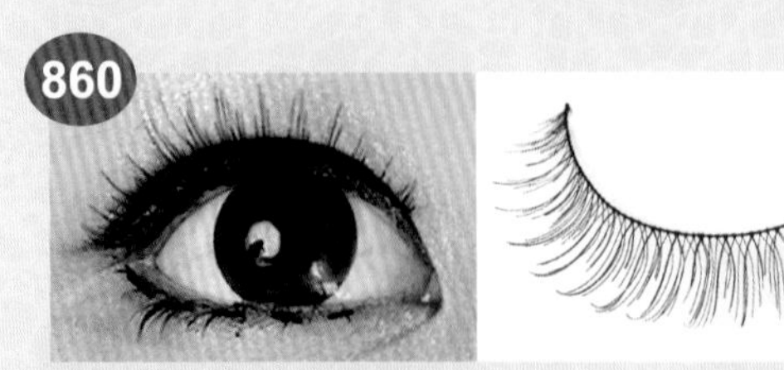

素顏清純裸妝適用（±0.8cm）

861

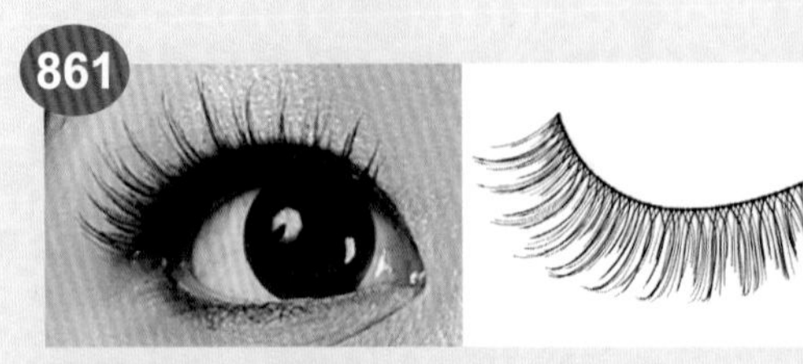

纖細自然（基本款）（±1cm）

862

彷彿睫毛般的自然（透明梗）（±1.1cm）

863

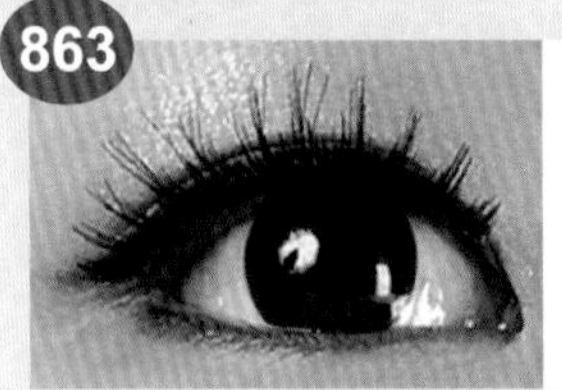

直線俏麗小電眼（±1.2cm）

864

短濃密媚眼熱銷款（±0.8cm）

866

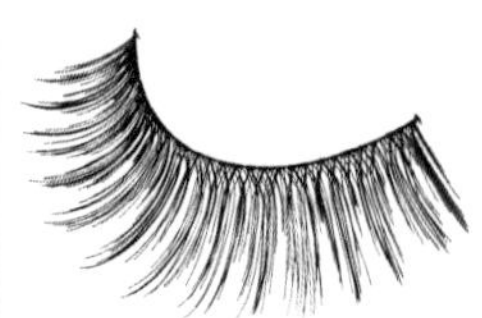

交叉自然俏麗款（±1.3cm）

867

深邃直線V電眼娃娃（±1.1cm）

868

濃密時尚小惡魔（±1.2cm）

869

朦朧直線娃娃舞台（±1.6cm）

871

有口刷睫毛膏的自然必備款（±1.6cm）

870

時尚淡妝（基本熱賣）（±0.9cm）

872

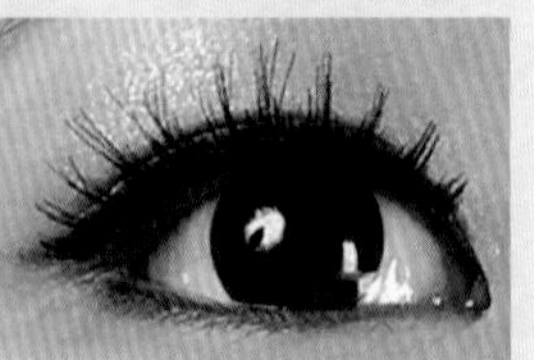
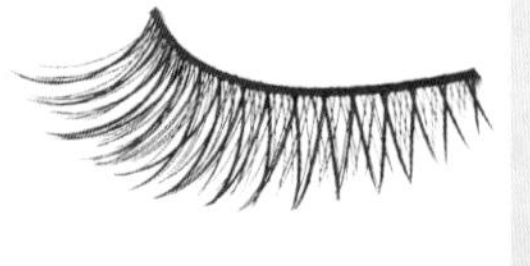

自然俏麗前短後長（基本款）（±1.2cm）

873

貓眼小辣娃（超熱銷）（±1.1cm）

874

日式交叉黑（熱門款）（±0.9 cm）

875

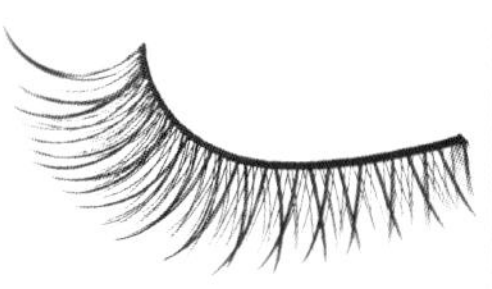

裸妝小心機（OL 首選）（±1.1 cm）

876

美光燈下閃亮的焦點（±1.1cm）

877

前短後長小煙燻（熱銷款）（±0.9）

878

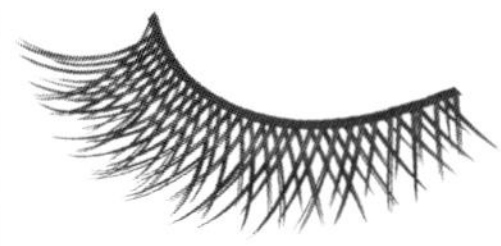

銷魂放電不敗女王（±1.2cm）

879

煙燻黑 Glir 跑趴必殺款（±1.2cm）

880

直線俏麗分明小夜叉（±1cm）

881

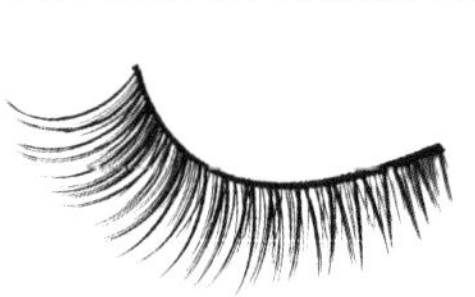

裸妝適用（學生基本款）（±1cm）

882

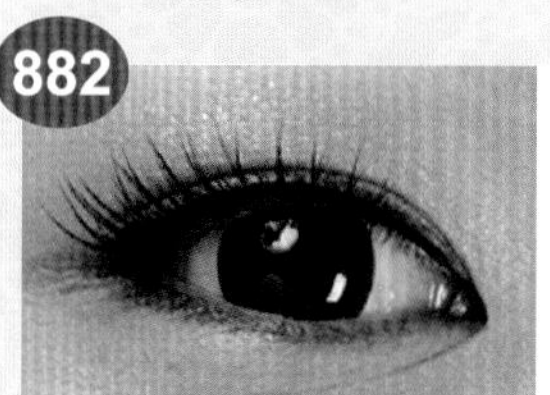

前短後長（新手入門款）（±1cm）

883

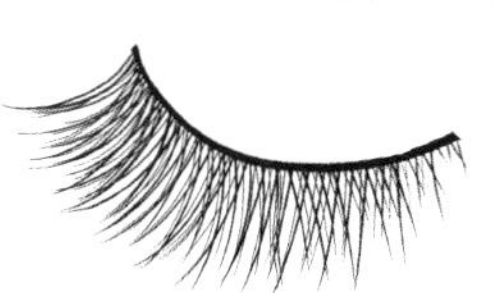

清晰可人氣質明星款（超熱銷）（±1.1cm）

884

日系交叉前短後長專櫃小姐最愛（±1.2cm）

885

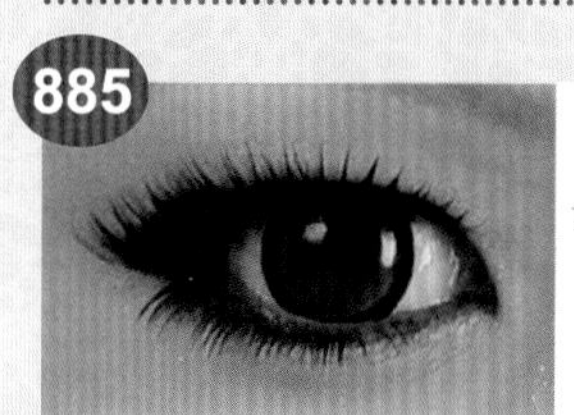

搶救哀怨的眼神加強眼尾 Up Up（±1cm）

886

活潑俏麗前短後長（熱銷款）（±1cm）

895

時尚必備（超激熱銷款）（±1.1cm）

887

纖細直線，加強局部，日漾瞳眼放大超效款（±1.2cm）

888

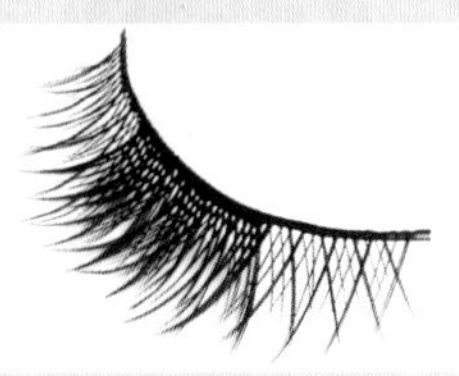

時尚濃黑，創造雙層效果超效放大款 Orz（±1.2cm）

889

不跑夜店也必殺的煙燻黑娃娃（基本辣妹款）（±1.3cm）

890

深淺分明 不分時段都合用的小煙燻（±1.1cm）

891

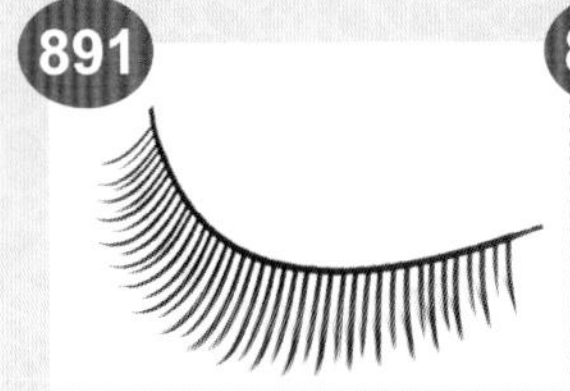

自然風采俏麗妝感（經典款）（±1cm）

892

軟毛交錯，彷彿真睫毛般的服貼感（±1.2cm）

893

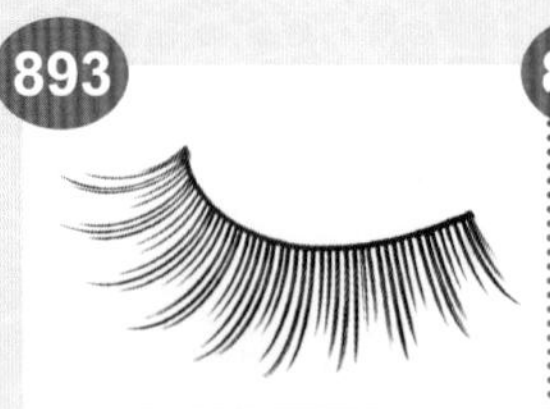

長短間隔日漾蝶式排列媚惑妝感（±1.2cm）

894

清純淡妝超自然 OL 款（±1cm）

896

細微交錯朦朧電眼（搶手款）（±1.1cm）

897

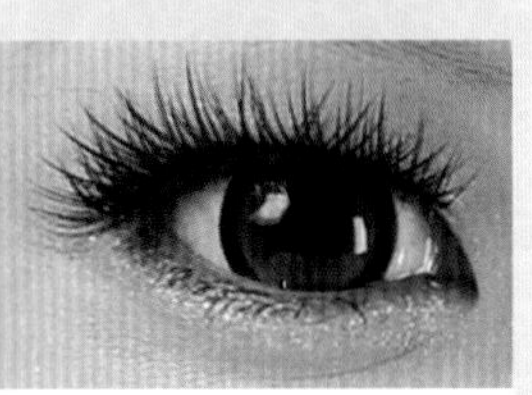

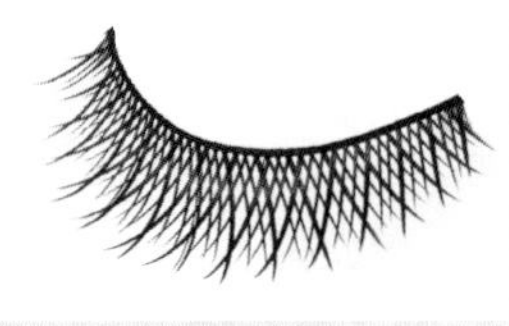

濃黑密集，交錯進階呈現時尚魅力（±1.3cm）

898

（±0.9cm）多根細微俏眼小娃娃眼妝

901

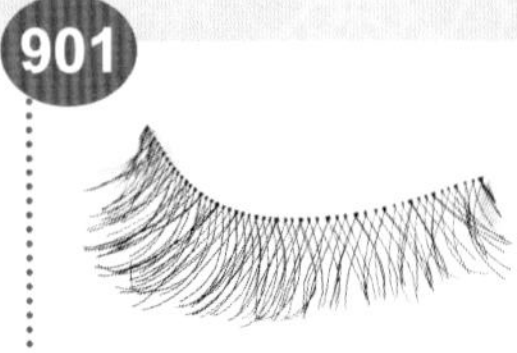

（±1cm）透明梗 多根細微俏眼小娃娃眼妝

899

集束黑小交叉，電眼迷人式樣（±1.3cm）

900

集束寬版黑，大眼娃娃式樣（±1.3cm）

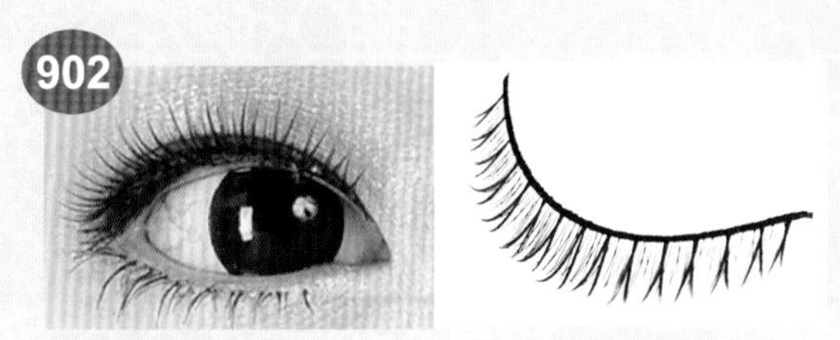

集束自然軟毛，似真睫毛般的自然（±1.3cm）

俏V錯綜單株呈現清晰柔和款（±0.9cm）

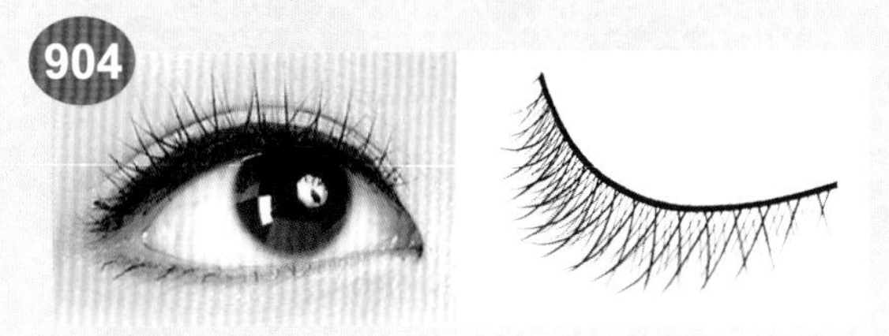

淡版暢銷自然交叉款（±1.1cm）

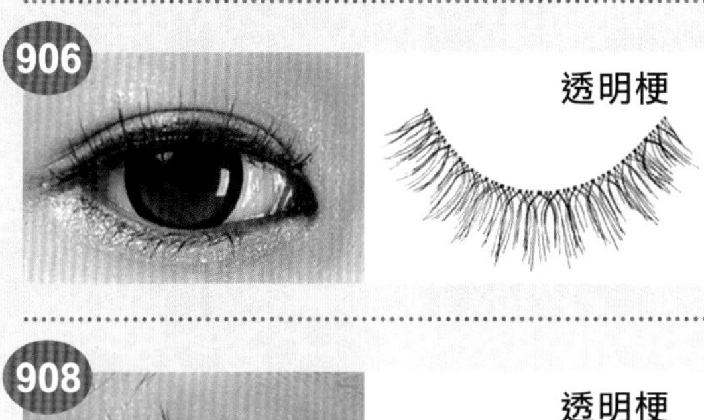

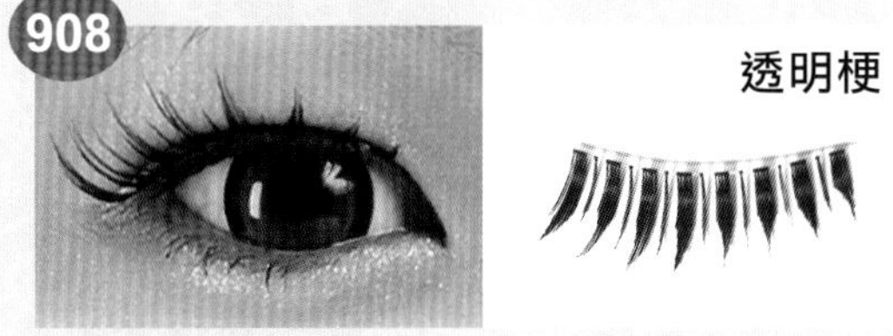

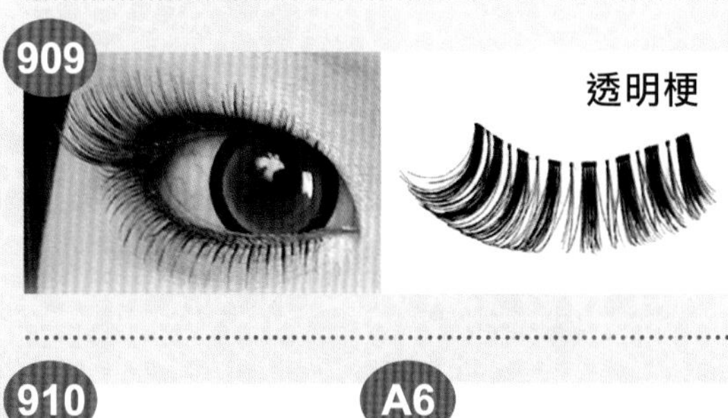

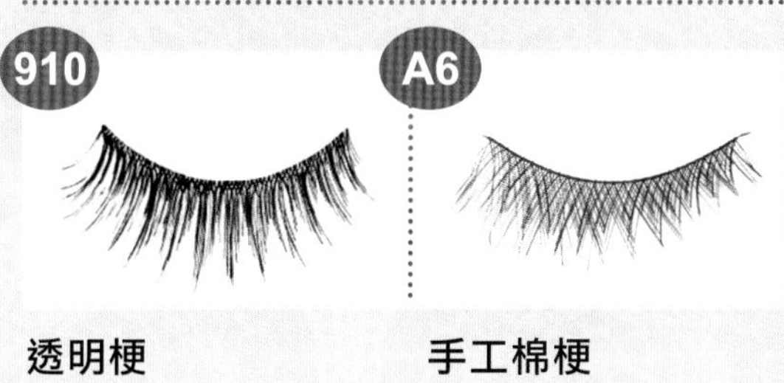

透明梗　手工棉梗

B17 B18

混搭雙層

B19

混搭雙層

B20

貓眼小辣妹（超熱銷）混搭雙層（±1.1cm）

S210

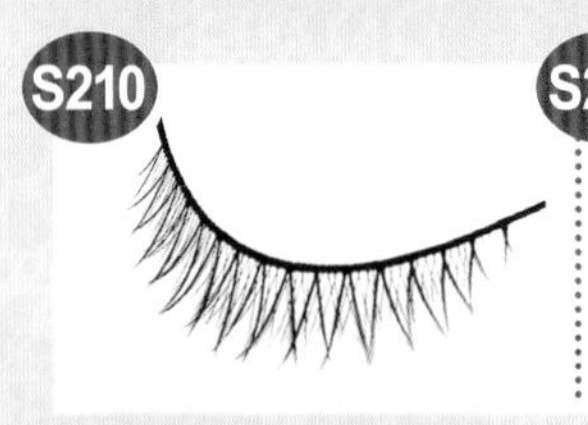

S211

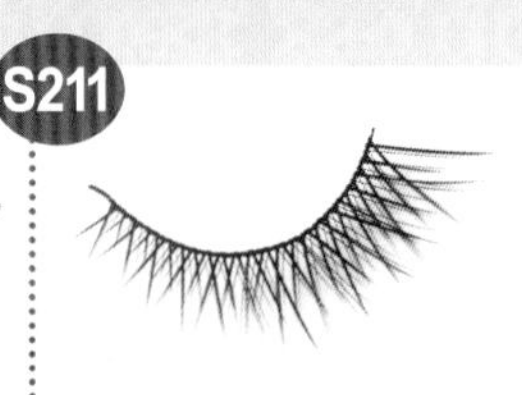

S212

S213

S214

S215

S216

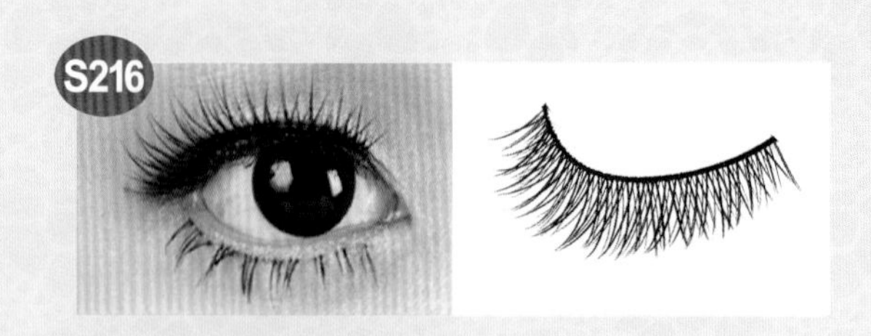

S217

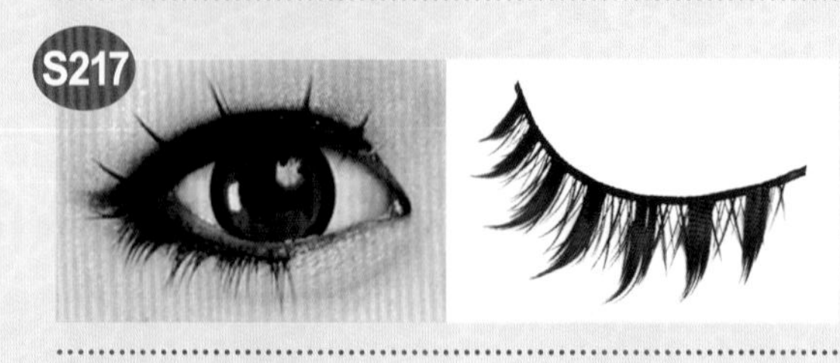

S219

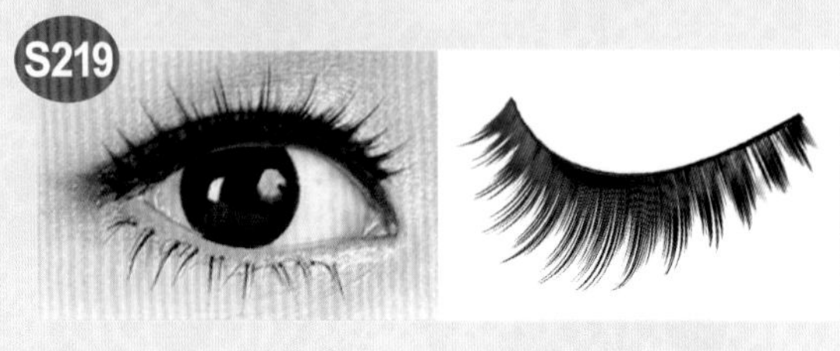

S218 S220

S221 S222

S223 S224

S225

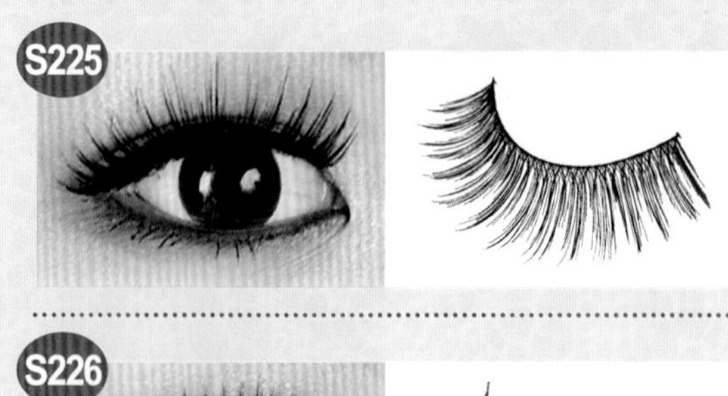

S226

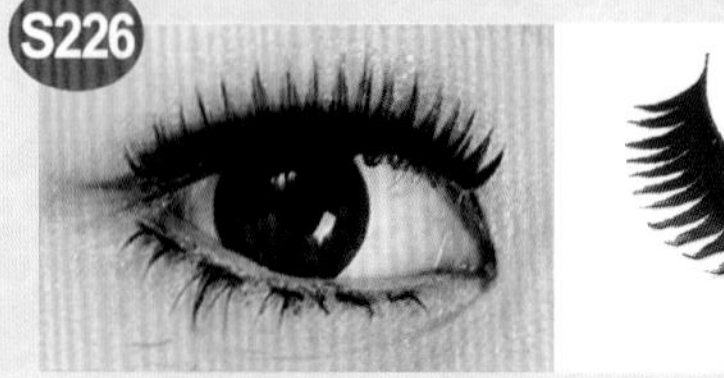

S227
S228
下201
下202
透明梗
下203
下206
透明梗
下204
下205
下207
下208
X7
尖尾交叉
X8
尖尾交叉

X9
尖尾交叉
X10
尖尾交叉
S219
715
720

Cosmetic Blazer
蕾亞·彩妝的領導者

彩妝髮型 張嘉綺　　攝影 盧中行

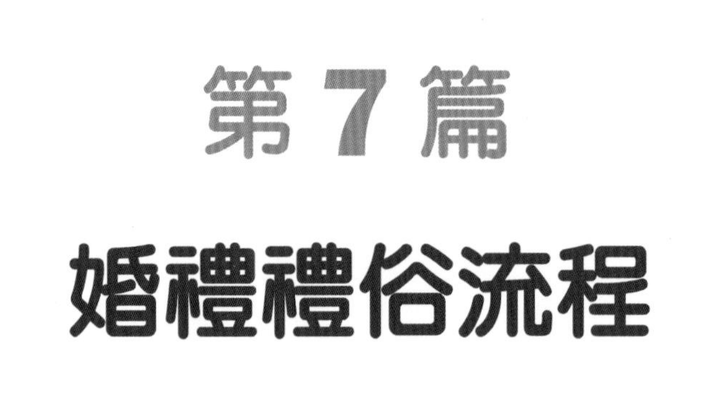

第7篇

婚禮禮俗流程

7-1 婚禮倒數六個月前計畫表

人生中最重要的時刻，就是成為美麗的新娘。婚前事先準備工作是非常重要的，為自己列一個完整的結婚計劃，才能在婚禮當天展現個人魅力。

六個月前

- 提親決定訂婚、結婚日期、儀式及婚宴方式。
- 挑選婚紗攝影公司、選購喜餅。
- 佈置新房。
- 準備婚前健檢。
- 安排瘦身運動計畫。

三個月前

- 確訂出席人數、估計宴會桌數及喜帖數量。
- 尋找宴客場地挑選禮服、拍婚紗照。訂購喜餅、訂婚。
- 聘禮、尋找新娘秘書
- 安排全身SPA保養、做臉。
- 尋找蜜月資料。

一個月前

- 確定婚禮的工作人員。
- 寄發喜帖。
- 選購結婚戒指。
- 安排新祕試妝、試髮。
- 查詢有關戶籍遷出、入登記事宜。

倒數兩週

- 與相關工作人員溝通婚禮流程事宜。
- 確認選定之婚紗照及放大照。
- 新娘確認當天造型及飾品配件。
- 桌次安排。
- 加速全身保養

倒數一週

- 告知餐廳確認桌數。
- 確認婚宴布置、攝錄影及禮車是否就緒。
- 於新居或新房張貼囍字。
- 修剪指甲、修眉毛、除毛。

倒數兩天

- 拿取結婚照及禮服。
- 再次確認化妝造型時間。
- 準備婚禮所需紅包。
- 準備結婚當日所需用品。
- 保持心情輕鬆。飲食作息正常
- 手足保養及美甲彩繪。

7-2 婚禮與新娘秘書

謂新娘秘書？

新娘秘書可簡稱「 新秘」，也就是新娘的貼身秘書，在婚禮當天到府服務的造型師，針對不同款式和顏色的禮服，設計搭配適合準新娘的彩妝、髮型及飾品，在新娘更換禮服時，可同時改變不同造型的一種貼心服務，讓每一套禮服皆可襯托出新娘的個人氣質與特色，展現獨特出色的美麗新娘。

如何找尋新秘？

新娘秘書的好與壞，往往決定了婚禮的成功與否，好的新娘秘書事前準備周全，可以避免新娘在婚禮中種種問題。要找一個好的新秘，新人可先詢問身邊已婚的親友，是否有推薦的人選或可上網搜尋。尋找新秘的管道有很多，例如： 婚紗公司、婚禮顧問公司……。有很多新娘秘書會將作品集放在無名或部落格供新人參考，也會提供服務項目、價目及聯絡方式，新人可多看多比較。

新娘秘書的服務種類有那些？

A，試妝

新人下訂前，新秘提供整體造型服務，新秘畫的妝感、造型及服務流程是否符合新人需求。

B，單妝

新娘只化一個妝、做一個造型，不含換妝及補妝的服務。

C，半日或全日

依照婚禮流程來區分的服務方式：

半日新秘：從早妝到中午婚宴結束前，新秘會陪在新娘旁，協助更換禮服、造型變化及補妝服務。

全日新秘：從迎娶早妝到晚上婚宴結束前，新秘會陪在新娘旁，協助更換禮服、造型變化及補妝服務。有的新秘服務完早妝後先離開，再於下午或晚上約定時間、地點，為新娘做晚宴造型。

D，到府或不到府

到　府：新秘依新娘指定的地點為新娘服務。

不到府：新娘必須自行前往新秘指定的地點，例如：工作室、婚紗公司等地點，接受新秘的服務。

撰稿人及圖片提供人：李佳玲

7-3 訂婚流程

祭祖　男方出發前先上香祭拜祖先，祈求過程順利平安、婚姻幸福美滿。

出發　男方帶六禮或十二禮，燃放鞭炮後出發，禮車及人數均為雙數不過四與八最好避免。

納采　男方在到達女方家前一百公尺要鳴炮，女方也要鳴炮相迎。

迎賓　媒人先下車，由女方的晚輩幫新郎開車門，新郎需贈送紅包答謝。

➤ 採納
▼ 迎賓

介　紹　男方親友將聘禮抬進女方家，並將聘禮一一陳列在神明桌上，媒人將大小聘、金飾等點交給女方家長，媒人正式介紹雙方親友。

奉甜茶　男方親友依輩份入座，新郎坐最後座，新娘由好命婆牽引出房，捧著甜茶向男方親友依序敬茶。

壓茶甌　待男方喝完後，新娘再捧茶盤依序收茶杯，男方親友將紅包捲起放入杯中，依序置於茶盤。

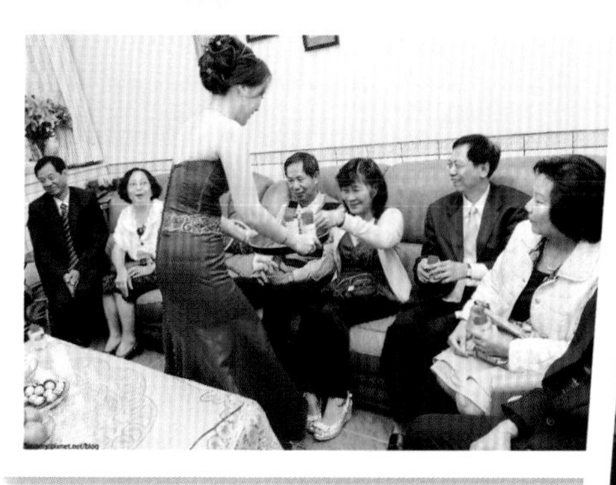

戴戒指　新娘面向大門坐在客廳或神明廳中的高椅上，雙腳放於矮椅上，新人互戴戒指儀式，先從新娘開始，新郎幫新娘將戒指戴在中指上，再換新娘幫新郎戴戒指，婆婆替新娘戴上金項鍊，金手鍊，金耳環等見面禮，岳母替新郎戴上金項鍊，金領帶夾等見面禮。

祭　祖　請新娘的母舅點燭燃香，由女方父母及新人祭拜神明及祖先，告知婚事已定，祈求保佑。香柱插入香爐時，一次插定不可重插，有重婚的忌諱。

回　禮　女方將男方送來的聘禮回送一部份，以及事先準備好送新郎從頭到腳的隨身用品。

宴　客　訂婚儀式完成後，女方設宴，男方應準備壓桌紅包給女方，支付喜宴費用。在喜宴結束之前，男方必須先行離席，不能向女方招呼，更不能說再見，因忌諱下聘之事再來一次。（現代的新郎通常會再回來跟新娘一起送客）

贈　餅　女方將訂婚喜餅分贈給親朋好友，新娘不可吃自己的喜餅，有吃掉自己喜氣的忌諱。

告禮禮　男方回家後應由父母或長輩陪同焚香，稟告神明及祖先，訂婚一事已圓滿完成。

撰稿人及圖片提供人：李佳玲

7-4 結婚流程

祭　祖　男方出發前先祭拜祖先，並祈求迎娶過程平安順利。

迎　娶　新娘禮車上掛上車綵且綁上二條大紅帶，其餘迎親車輛的四個門把需綁上綵帶，迎親車隊一般為雙數，大部份為六輛，避免四或八輛，且新娘車不能排在第四車，出發時要鳴炮，快到女方家前 100 公尺鳴炮，女方也要鳴炮相迎。

姐妹桌　新娘在結婚出發前與家人一起吃飯，大家都要說吉祥話（現代的人大多已省略此禮）

請新郎　禮車到達女方家時，由晚輩持有二顆蜜柑橘或蘋果的果盤，迎接新郎並開門請新郎下車，新郎摸一下盤中的水果後，下車並給紅包答禮，隨即進入女方家，此時男方人員先將女方準備的青竹甘蔗繫於禮車車頂，並於根部掛豬肉一片及一個紅包。

闖　關　現代的人才有的活動，為了考驗新郎娶新娘的決心，由伴娘設計關卡並請新郎一一完成，闖關成功後，新郎才持捧花進入房間獻給新娘，過程以不影響迎娶時辰為主。

拜　別　新娘為了感謝父母養育之恩，新人一起下跪行三磕頭之禮。

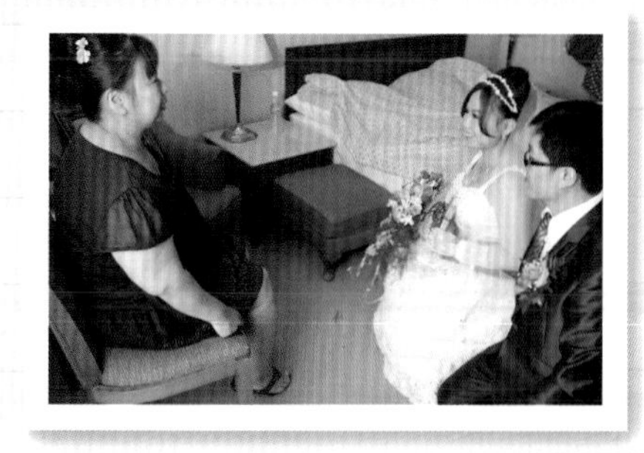

蓋頭紗　由新娘父親或是父母一起幫女兒蓋上頭紗。

出　門　新娘由好命婆持米篩或黑傘遮其頭走至禮車。

擲　扇　禮車起動後，新娘將手中綁有紅包的扇子擲至車窗外，且不能回頭。

潑　水　迎娶車隊離開女方家時，女方家長應將清水潑至新娘禮車，代表女兒已是潑出去的水（或帶財氣嫁過去有幫夫運）並祝女兒事事有成有吃有穿。

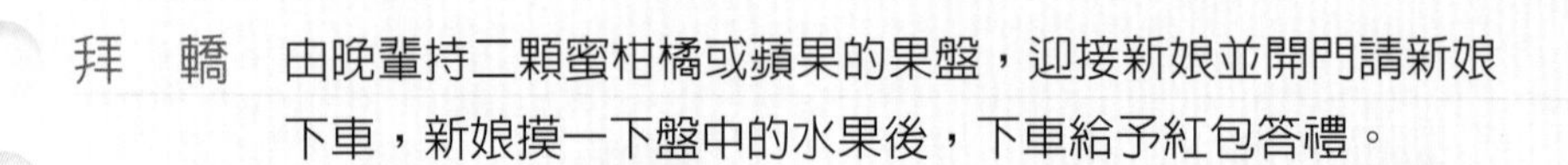

拜　轎　由晚輩持二顆蜜柑橘或蘋果的果盤，迎接新娘並開門請新娘下車，新娘摸一下盤中的水果後，下車給予紅包答禮。

牽新娘　由男方好命婆持米篩或黑傘遮在新娘頭上，並扶持新娘進門，進門前先跨過烘爐並踏碎瓦片，此時新娘忌踩門檻。

拜　堂　現代的人大多已省略此儀式，新娘坐在大廳中，男方長輩再介紹家族親戚給新娘認識，再送入洞房。

進洞房　入洞房後，同時坐在墊有新郎長褲且口袋裝有紅包的長椅上（意喻夫妻同心坐財庫），新郎掀開新娘的頭紗，一起吃甜湯圓（意喻婚姻圓圓滿滿），新郎到床上滾一滾宣示主權，其餘人包括新娘都不能坐在床上。

祭　祖　燃香稟告神明及祖先，媳婦已迎娶進門，此後家中多一個成員並祈求神明及祖先能賜福新人婚姻美滿。

觀禮和喜宴　男方宴客可至餐廳或自宅宴客，依長輩的意思為主，大多新人都採取中西合併的婚禮。

敬　酒　長輩陪同新人逐桌敬酒，趁此時機介紹雙方親朋好友讓新人認識。

送　客　喜宴快結束前，新人端著喜糖先至宴會的出口準備送客。

弗洛兒 AMY 美學教育中心

1000元

折價券

弗洛兒 AMY 美學教育中心

2500元

兌換券

弗洛兒 AMY 美學教育中心

1000元

折價券

弗洛兒 AMY 美學教育中心

2500元

兌換券

請剪下使用

使用說明

憑此卷至弗洛兒 amy 美學教育中心上專業新秘課程

贈 5 堂 (15h) 整體驗收課（真人指導新秘造型變化課）或 **彩妝產品（眼影組）兌換 $2500 元**

(2 選 1)

預約專線：03-5265788　或與書內任一造型師洽詢

有效期限：2013.12 月底

使用說明

即日起憑此折價卷預約訂結婚新秘

贈淡妝 1 位（價值 $1000 元）

外縣市車馬費 1 次（不限區域 · 國外及外島不適用）

預約專線：03-5265788　或與書內任一造型師洽詢

有效期限：2013.12 月底

使用說明

憑此卷至弗洛兒 amy 美學教育中心上專業新秘課程

贈 5 堂 (15h) 整體驗收課（真人指導新秘造型變化課）或 **彩妝產品（眼影組）兌換 $2500 元**

(2 選 1)

預約專線：03-5265788　或與書內任一造型師洽詢

有效期限：2013.12 月底

使用說明

即日起憑此折價卷預約訂結婚新秘

贈淡妝 1 位（價值 $1000 元）

外縣市車馬費 1 次（不限區域 · 國外及外島不適用）

預約專線：03-5265788　或與書內任一造型師洽詢

有效期限：2013.12 月底

請剪下使用

培育新娘秘書人才訓練的最佳環境

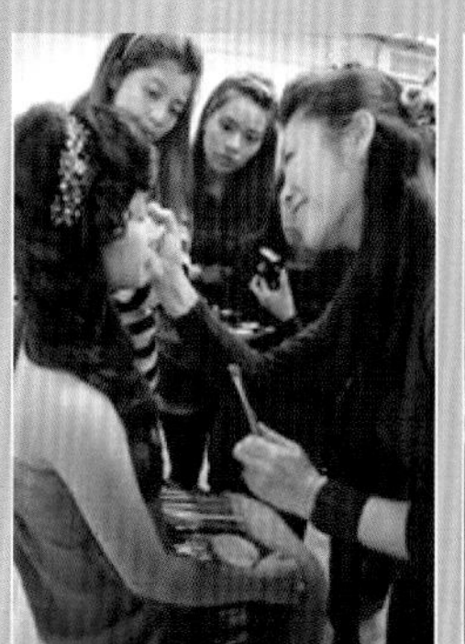

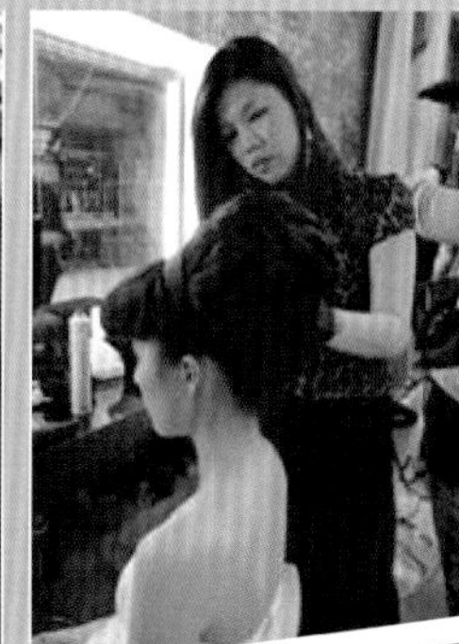

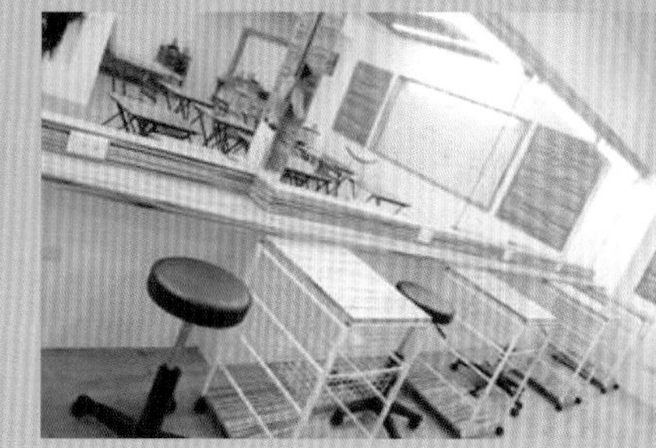

國家圖書館出版品預行編目資料

弗洛兒AMY : 潮 : 百款新娘造型大彙整 / 林少蓉
作. -- 初版 . -- 臺北市 : 博客思, 2012.11
面 ; 公分. -- (生活美學 ; 8)
ISBN 978-986-6589-88-1(平裝)

1.婚紗業 2.化粧術 3.造型藝術

489.61 101022807

生活美學8

弗洛兒AMY潮—百款新娘造型大彙整

作 者：林少蓉
編 輯：張加君
美編設計：涵設
出 版 者：博客思出版事業網
發 行：博客思出版事業網
地 址：台北市中正區重慶南路一段121號8樓之14
電 話：(02)2331-1675或(02)2331-1691
傳 真：(02)2382-6225
E-MAIL：books5w@yahoo.com.tw或books5w@gmail.com
網路書店：http://store.pchome.com.tw/yesbooks/
http://www.5w.com.tw/
博客來網路書店、博客思網路書店、華文網路書店、三民書局
總 經 銷：成信文化事業股份有限公司
劃撥戶名：蘭臺出版社 帳號：18995335
網路書店：博客來網路書店 http://www.books.com.tw
香港代理：香港聯合零售有限公司
地 址：香港新界大蒲汀麗路36號中華商務印刷大樓
C&C Building, 36,Ting, Lai, Road, Tai,Po, New,Territories
電 話：(852)2150-2100 傳 真：(852)2356-0735
出版日期：2012年12月 初版
定 價：新臺幣550元整
ISBN：978-986-6589-88-1(平裝)